U0342151

羰基法精炼镍及安全环保

滕荣厚　赵宝生　著

北　京

冶　金　工　业　出　版　社

2017

内 容 提 要

本书叙述了羰基法精炼镍的基本原理，介绍了国内外羰基法精炼镍技术的发展历史及典型的产业化工艺流程。书中较为详细地解析了蒙德常压羰基法精炼镍技术、中压羰基法精炼镍技术及高压羰基法精炼镍技术的关键。对每一种工艺流程所使用的原料（含镍原料和 CO）的制备及还原活性要求、羰基镍络合物合成工艺参数及热分解参数设计，都进行了充分的分析，并列举了羰基法精炼镍的产品（羰基镍丸、羰基镍粉末）及应用。重点叙述了羰基镍络合物的毒性及安全标准，羰基法精炼镍车间安全设计、安全生产及环境保护。

本书可为从事羰基法精炼镍的科研工作者阅读参考，也可作为冶金院校相关专业的辅助教学资料。

图书在版编目 (CIP) 数据

羰基法精炼镍及安全环保/滕荣厚，赵宝生著. —北京：
冶金工业出版社，2017.7
　ISBN 978-7-5024-7515-4

　Ⅰ.①羰… Ⅱ.①滕… ②赵… Ⅲ.①镍—化学冶金—
精炼(冶金) Ⅳ.①TF815.04

中国版本图书馆 CIP 数据核字 (2017) 第 134473 号

出 版 人　谭学余
地　　址　北京市东城区嵩祝院北巷 39 号　邮编　100009　电话　(010)64027926
网　　址　www.cnmip.com.cn　电子信箱　yjcbs@cnmip.com.cn
责任编辑　夏小雪　美术编辑　吕欣童　版式设计　孙跃红
责任校对　禹　蕊　责任印制　李玉山
ISBN 978-7-5024-7515-4
冶金工业出版社出版发行；各地新华书店经销；固安华明印业有限公司印刷
2017 年 7 月第 1 版，2017 年 7 月第 1 次印刷
169mm×239mm；13.5 印张；260 千字；200 页
56.00 元

冶金工业出版社　投稿电话　(010)64027932　投稿信箱　tougao@cnmip.com.cn
冶金工业出版社营销中心　电话　(010)64044283　传真　(010)64027893
冶金书店　地址　北京市东四西大街 46 号(100010)　电话　(010)65289081(兼传真)
冶金工业出版社天猫旗舰店　yjgycbs.tmall.com
（本书如有印装质量问题，本社营销中心负责退换）

前　言

羰基冶金（Carbonyl Metallurgy），也称羰基法精炼金属（Carbonyl Refining Metal），属于气相冶金领域中的一个分支。其原理是在一定的温度及压力下，原料中含有能够形成羰基络合物的金属元素（Fe、Ni、Co 等）与一氧化碳气体进行化合反应，生成羰基金属络合物。该反应是一个可逆反应，它是利用羰基金属络合物的合成与分解反应特性 $[Me+nCO \rightleftharpoons Me(CO)_n]$ 提取金属的方法。

羰基法精炼镍是羰基冶金家族中一个重要成员。羰基法精炼镍的产业化已经有 100 多年的历史，追根求源还得从羰基镍的发现开始。四羰基镍络合物是英国科学家蒙德（Dr Ludwing Mond）于 1889 年发现的，它是羰基金属络合物家族中，第一个被发现的羰基金属络合物。那是在一个非常偶然的情况下，英国科学家蒙德在实验室里做实验时，当具有一定压力的一氧化碳气体通过镍制造的阀门时，发现在排放燃烧的气体中带有紫红色的火焰。他认为该火焰不同一般，蒙德经过研究发现：被点燃的混合气体中含有一种容易挥发的气体化合物。通过冷冻混合气体，很容易地将该种化合物分离出来，获得无色透明的液体——四羰基镍络合物。

蒙德通过对于四羰基镍络合物的物理及化学特性研究后，发现四羰基镍络合物在低温条件下，容易分解成金属镍和一氧化碳气体。于是，他马上就意识到：四羰基镍络合物的冶金意义及商业价值。蒙德和朗格尔（Dr Carl Langer）于 1902 年在英国威尔士 Clydach 建立世界上第一座 Mond 常压羰基法精炼镍工厂，年产量达到 28000t，开创了羰基法精炼镍的先河。

羰基法精炼镍技术不但具有工艺流程短、节能、无废物、高效及富集贵金属的优点，而且还能够获得高纯度、形状各异、物理及化学性能独特的金属材料，如金属纳米颗粒材料、微米级粉末、薄膜材料、海绵态金属等。羰基冶金产品被广泛地应用在冶金、化工、机械、电子、航空航天及国防工业上，也是发展高科学技术领域中不可缺少及不可以替代的材料。因此，羰基法精炼镍技术发展快、产量高、产品应用广。

第二次世界大战前，德国苯胺与苏打公司（BASF）率先采用高压羰基法精炼镍和铁工艺，建立年产 6000t 的高压法精炼镍工厂；1953 年，俄罗斯诺列斯克采用高压羰基法精炼镍技术，建立年产 5000t 的羰基镍厂。1973 年，加拿大国际镍公司在铜崖（INCO Copper-Cliff Refining）建立羰基法精炼镍的新工艺，年产量为 56000t（镍丸、镍粉末及铁镍合金粉末）。加拿大国际镍公司铜崖精炼厂不仅产量居世界第一，而且技术及环保也处于领先位置。同年加拿大国际镍公司在新喀里多尼亚新建的布瓦兹精炼厂投产，年产 50000t 镍丸。从上述可见，1973 年后国际镍公司扩产就超过 10 万吨。

我国于 1958 年由原冶金工业部钢铁研究院粉末冶金研究室开始研发羰基法精炼镍技术。在极其困难的条件下，经过五年艰苦的努力，终于成功地研发出羰基镍合成及热分解技术，制取出超细羰基镍粉末。又在实验室获得的研究成果基础上，由钢铁研究院和钢铁设计研究院联合设计，于 1965 年建立我国第一座 100t 级羰基法精炼镍工厂——冶金工业部西南金属制品厂。该厂的科技人员创造性开发并批量生产纳米级、微米级羰基镍粉末、包覆粉末等产品，供应国内高科技领域的急需。

进入 2000 年后，羰基冶金在中国获得高速发展。2003 年在金川镍公司建成 500t 级羰基法精炼厂；吉林吉恩镍业股份有限公司在 2007 年建立了 2000t 羰基法精炼镍生产线；金川集团公司于 2010 年由我国科学技术人员自行设计，具有自主知识产权的现代化的羰基法精炼镍工艺已经投产，年产量达到万吨。

本书的另一个重点就是安全生产及环境保护。因为羰基镍络合物是具有剧毒、易燃、易爆特点的化合物，所以羰基法精炼镍的车间具有高度的危险性。为此，首要的是对工作人员做好防护措施，进行安全生产及环境保护。为了达到此目的，也必须从羰基法精炼镍车间设计、设备的制造、安装、通风设置及监控分析等各项着手，每一项设置都要按照国家标准，不得有丝毫马虎。

我在钢铁研究总院粉末冶金研究室羰基冶金实验室工作 40 多年，如今退休了，离开了工作 40 多年的实验室，依旧有很多的不舍，多年积累下来的记事本及一些手稿，翻开看看都是自己当年工作的笔记，舍不得扔掉，于是统统装进麻袋，用自行车托回家。看着纸张已经变黄，钢笔的字迹也已经变浅，尽管两眼已经昏花，但是我依然清楚地记得当时工作的热情，于是便将这些手稿汇集成册，并在此基础上查阅相关资料将其整理成一本书稿，以供读者阅读参考。

本书可为从事羰基法精炼镍的技术人员提供一个比较完整系统的资料，也可为从事羰基法精炼镍的科研工作者提供参考，还可作为冶金院校相关专业的辅助教学资料。

我和赵宝生高级工程师合作过多年，他多年来致力于羰基法精炼镍技术的研究，是钢铁研究总院羰基实验室的主要设计者，特别在羰基镍络合物精馏提纯工艺上具有很深的造诣。

由于作者专业水平有限，书中难免有不完善及不当之处，敬请业内学者及涉猎本书的广大读者批评指正。

滕荣厚

2017 年 2 月

目　录

1　羰基冶金 ……………………………………………………………… 1

1.1　概述 ………………………………………………………………… 1

1.1.1　定义 …………………………………………………………… 1

1.1.2　羰基冶金的发展史 …………………………………………… 1

1.2　已经获得的羰基金属络合物及一般属性 ………………………… 2

1.2.1　已经获得的羰基金属络合物 ………………………………… 2

1.2.2　几种产业化羰基金属络合物的一般性质 …………………… 3

1.2.3　羰基金属络合物的晶体结构 ………………………………… 5

1.2.4　羰基金属络合物的电子配位 ………………………………… 5

1.2.5　羰基金属络合物的其他物理性质 …………………………… 6

1.3　羰基冶金的工艺特点 ……………………………………………… 7

1.4　羰基冶金的产品特性 ……………………………………………… 8

1.5　安全防护及环境保护 ……………………………………………… 9

1.6　羰基冶金的现状及展望 …………………………………………… 9

参考文献 ………………………………………………………………… 10

2　四羰基镍络合物 ……………………………………………………… 11

2.1　四羰基镍络合物的发现及结构 …………………………………… 11

2.1.1　四羰基镍络合物的发现 ……………………………………… 11

2.1.2　四羰基镍络合物的结构 ……………………………………… 11

2.2　实验室获得四羰基镍络合物的方法 ……………………………… 12

2.2.1　含镍原料与 CO 直接进行羰基合成反应 …………………… 12

2.2.2　利用镍的盐类在液体中进行合成反应 ……………………… 13

2.3　四羰基镍络合物的性质 …………………………………………… 17

2.3.1　四羰基镍络合物的物理性能 ………………………………… 17

2.3.2　四羰基镍络合物的化学性能 ………………………………… 23

2.4　四羰基镍络合物的危害性 ………………………………………… 25

2.4.1　四羰基镍络合物的易燃易爆特性 …………………………… 25

2.4.2　四羰基镍络合物的毒性 ……………………………………… 27

2.5 空气中四羰基镍络合物的检测方法 ················· 27
2.5.1 比色检测法 ································ 28
2.5.2 原子吸收光谱法 ·························· 28
2.5.3 荧光法 ·································· 28
参考文献 ······································ 28

3 四羰基镍络合物的合成反应机制 ····················· 29
3.1 四羰基镍络合物的合成反应机制的研究 ··············· 29
3.1.1 一氧化碳气体在金属镍表面上吸附过程的解析 ······· 29
3.1.2 羰基镍络合物在镍表面上的脱附是合成反应的控制步骤 ····· 29
3.2 羰基镍络合物合成反应过程的几个独立阶段的描述 ········· 30
3.2.1 物理吸附阶段 ···························· 30
3.2.2 活化吸附阶段 ···························· 30
3.2.3 化学吸附阶段 ···························· 30
3.2.4 羰基镍络合物从镍表面上脱附 ················· 30
3.2.5 羰基镍络合物气体从颗粒内部向外扩散速度控制合成反应速度 ··· 31
3.3 影响羰基镍络合物合成速度的几个主要因素 ············· 31
3.3.1 羰基镍络合物合成的含镍原料 ················· 31
3.3.2 一氧化碳气体 ···························· 32
3.3.3 合成反应容釜内参数控制 ···················· 33
3.3.4 阻止或加速羰基镍络合物合成反应的添加物 ········· 34
3.3.5 羰基镍络合物气体的冷凝及缓慢降低压力 ··········· 34
3.3.6 反应釜内动态物料的相互作用 ················· 34
3.3.7 反应釜产物的及时排出 ···················· 34
3.3.8 转动合成釜的转动速度控制 ·················· 35
3.4 羰基镍络合物的合成反应速度的确定 ················ 35
3.5 镍冰铜原料在高压下合成羰基镍络合物的机制 ··········· 38
3.5.1 高压合成羰基镍络合物过程中高冰镍硫化物的转化 ····· 38
3.5.2 高压合成羰基镍络合物过程中各元素在合成反应中的行为 ··· 39
参考文献 ······································ 43

4 羰基法精炼镍的工业化生产 ························· 44
4.1 羰基法精炼镍的技术发展及典型的工艺 ··············· 44
4.1.1 羰基法精炼镍的技术发展 ···················· 44
4.1.2 羰基法精炼镍的典型工艺 ···················· 44

4.2　蒙德常压羰基法精炼镍工艺 ·· 48
　　4.2.1　1967年前蒙德常压羰基法精炼镍工艺流程 ················ 48
　　4.2.2　1967年改造后的常压羰基法精炼镍回转窑工艺流程 ········ 52
　　4.2.3　蒙德常压羰基法精炼镍技术的几点启示 ·················· 56
　　4.2.4　结论 ·· 59
4.3　中压羰基法精炼镍技术 ·· 59
　　4.3.1　加压羰基法精炼镍技术的最新发展 ······················ 59
　　4.3.2　加拿大国际镍公司铜崖（Copper-Cliff）精炼厂的技术突破 ··· 61
　　4.3.3　骤冷铜-镍合金颗粒羰基化的典型实例 ··················· 65
　　4.3.4　羰基镍络合物的蒸馏及热分解 ·························· 67
　　4.3.5　铜崖（Copper-Cliff）精炼厂羰基法精炼镍工艺的解析 ······ 68
4.4　高压羰基法精炼镍技术 ·· 72
　　4.4.1　高压羰基法精炼镍简述 ······························ 72
　　4.4.2　原料的准备 ·· 73
　　4.4.3　高压羰基法精炼镍工艺流程 ···························· 74
　　4.4.4　高压羰基法精炼镍工艺中的气体循环及参数设定 ·········· 78
　　4.4.5　高压羰基法精炼镍典型的产业化工厂 ···················· 90
　　4.4.6　我国羰基法精炼镍技术的发展方向 ······················ 92
参考文献 ·· 95

5　羰基镍络合物的精馏提纯 ·· 97
5.1　概述 ·· 97
　　5.1.1　羰基镍络合物精馏的目的 ······························ 97
　　5.1.2　精馏的基本原理 ······································ 97
5.2　精馏的设备及要求 ·· 98
　　5.2.1　精馏的设备 ·· 98
　　5.2.2　对精馏的设备的要求 ·································· 100
5.3　羰基镍络合物精馏的工艺流程 ······································ 100
5.4　羰基镍络合物精馏的参数控制（实验室小型装置实例） ·············· 101
　　5.4.1　技术条件 ·· 101
　　5.4.2　结果 ··· 101
5.5　精馏系统结构组成图 ·· 102
5.6　羰基镍络合物精馏的操作 ·· 102
参考文献 ··· 104

6　贵金属的富集 ·· 105

　6.1　概述 ·· 105

　6.2　羰基法精炼镍和贵金属的富集 ·················· 105

　　6.2.1　羰基法富集贵金属的方法设计 ·············· 105

　　6.2.2　羰基合成条件 ···························· 107

　　6.2.3　羰基法精炼镍过程中贵金属的富集 ·········· 107

　　6.2.4　结论 ·································· 109

　6.3　羰基法精炼镍的过程中不同品位原料中贵金属行为 ·· 109

　　6.3.1　试验方法 ······························ 110

　　6.3.2　含有贵金属原料的羰基合成 ················ 112

　　6.3.3　产物分析结果 ·························· 116

　　6.3.4　结论 ································ 117

　6.4　羰基法精炼镍富集贵金属的综合解析 ············ 118

　　6.4.1　活性原料的制取 ······················ 118

　　6.4.2　羰基合成工艺条件选择 ·················· 119

　　6.4.3　原料中镍与铁的羰基合成率及贵金属富集 ···· 119

　参考文献 ·· 119

7　羰基镍络合物的热分解 ···························· 121

　7.1　羰基镍络合物的分解反应机制 ·················· 121

　　7.1.1　羰基金属络合物的热分解 ················ 121

　　7.1.2　羰基镍络合物热分解的速度 ·············· 122

　7.2　羰基镍络合物的分解反应是一级反应 ············ 122

　7.3　羰基镍络合物合成及热分解的平衡常数 ·········· 123

　7.4　羰基镍络合物分解的气相结晶过程 ·············· 124

　　7.4.1　羰基金属络合物的分解气相结晶机制 ········ 124

　　7.4.2　羰基金属络合物热分解气相结晶的影响因素 ·· 127

　　7.4.3　羰基金属粉末的形成 ·················· 129

　7.5　羰基金属络合物的分解方式 ···················· 131

　　7.5.1　羰基金属络合物在气体介质空间中自由热分解 ·· 131

　　7.5.2　羰基金属络合物在真空中热分解 ·········· 134

　　7.5.3　常压状态下羰基金属络合物在固体表面上的热分解 ·· 135

　　7.5.4　羰基金属络合物在液体中的热分解 ·········· 136

　　7.5.5　羰基金属络合物在外场能作用下的热分解 ···· 137

　　7.5.6　羰基金属络合物的混合热分解 ············ 137

7.5.7　羰基金属络合物热分解时添加物 ……………………………… 137
7.6　利用羰基金属络合物热分解制备金属粉末的方法 ……………… 138
参考文献 ………………………………………………………………… 138

8　羰基法精炼镍的产品 ……………………………………………… 140

8.1　概述 ………………………………………………………………… 140
8.2　加拿大 INCO 国际镍公司产品 …………………………………… 141
　8.2.1　INCO 产品 …………………………………………………… 141
　8.2.2　INCO 国际镍公司电池用羰基镍粉末 ……………………… 141
　8.2.3　泡沫镍 ………………………………………………………… 143
　8.2.4　加拿大 INCO 国际镍公司生产的镍丸 …………………… 146
8.3　加拿大 CVMR（Chemical Vapor Metal Refining Inc.）公司的产品 … 147
　8.3.1　加拿大 CVMR 的技术及金属制品服务于各行各业 ……… 147
　8.3.2　制取复合金属或合金 ………………………………………… 148
　8.3.3　生产各种金属粉末 …………………………………………… 148
　8.3.4　CVMR® 工艺生产各种形式和形态的产品 ………………… 148
8.4　俄罗斯羰基镍制品及应用 ………………………………………… 150
　8.4.1　镍丸 …………………………………………………………… 150
　8.4.2　特殊羰基镍粉末 ……………………………………………… 150
　8.4.3　羰基钢的制造 ………………………………………………… 151
　8.4.4　羰基镍合金制造 ……………………………………………… 152
　8.4.5　羰基镍粉末制取致密镍带材 ………………………………… 153
　8.4.6　羰基镍粉末制造棒材和板材 ………………………………… 153
　8.4.7　羰基镍粉末制造电池材料 …………………………………… 153
　8.4.8　功能金属薄膜及涂层的制取 ………………………………… 153
　8.4.9　其他产品 ……………………………………………………… 157
8.5　中国羰基法精炼镍制品及应用 …………………………………… 157
　8.5.1　钢铁研究总院羰基法精炼镍的产品研究及开发应用 ……… 157
　8.5.2　冶金工业部 654 厂羰基镍粉末产品及应用 ………………… 160
　8.5.3　金川集团股份有限公司羰基镍粉末的开发生产 …………… 164
　8.5.4　吉林吉恩镍业公司生产的微米级羰基镍粉末 ……………… 165
8.6　产品的检测 ………………………………………………………… 166
　8.6.1　产品检测项目 ………………………………………………… 166
　8.6.2　分析方法及仪器 ……………………………………………… 167
8.7　产品的包装贮存及运输 …………………………………………… 169

参考文献 ·· 169

9 一氧化碳及辅助气体 ··· 170
  9.1 羰基法精炼镍工艺中所用的气体原料 ························· 170
    9.1.1 羰基法精炼镍工艺中所需要的气体原料 ··········· 170
    9.1.2 羰基法精炼镍工艺中所用的辅助气体 ·············· 171
  9.2 羰基法精炼镍工艺中 CO 气体的技术要求 ················ 172
    9.2.1 CO 气体的技术要求 ···································· 172
    9.2.2 安全要求 ··· 173
  9.3 甲酸热分解法制备一氧化碳气体 ··························· 173
    9.3.1 甲酸热分解的条件 ······································ 173
    9.3.2 甲酸热分解法制备一氧化碳气体的工艺流程 ····· 173
    9.3.3 评价 ·· 174
  9.4 木炭电弧炉法制备一氧化碳气体 ··························· 174
    9.4.1 制备一氧化碳气体 ······································ 174
    9.4.2 原料的准备 ··· 174
    9.4.3 木炭电弧炉法制备一氧化碳气体的工艺流程 ····· 175
    9.4.4 木炭电弧炉法制备一氧化碳气体的操作 ··········· 175
    9.4.5 木炭电弧炉法制备一氧化碳气体的主要影响因素 ··· 176
    9.4.6 电弧炉 ··· 177
  9.5 石油焦氧化还原反应制备一氧化碳气体 ·················· 178
  9.6 焦炭富氧造气法制备一氧化碳气体 ························ 178
  9.7 甲醇裂解法制备一氧化碳气体 ····························· 178
  参考文献 ·· 179

10 羰基法精炼镍的工厂安全生产及环保 ················· 180
  10.1 概述 ··· 180
    10.1.1 羰基法精炼镍工艺流程具有高度危险性 ·········· 180
    10.1.2 防患于未然 ·· 180
    10.1.3 事故的扑救措施 ·· 181
    10.1.4 人员防护 ··· 181
  10.2 羰基法精炼镍车间有害物来源及种类 ···················· 181
    10.2.1 羰基法精炼镍精炼车间的有害物质来源 ·········· 181
    10.2.2 羰基法精炼镍精炼车间主要有害物质的物理化学性质及毒性 ··· 182
    10.2.3 羰基法精炼镍精炼车间有害物质的安全标准 ····· 186

10.3　羰基法精炼镍车间的安全保障措施 ················· 188
　　10.3.1　工艺流程合理设计 ····················· 188
　　10.3.2　设备设计 ························· 189
　　10.3.3　高压设备制造及安装 ··················· 189
　　10.3.4　建筑要求 ························· 189
　　10.3.5　监测系统 ························· 190
　　10.3.6　个人防护设备 ······················ 190
　　10.3.7　紧急事故处理 ······················ 190
　　10.3.8　控制仪表 ························· 191
　　10.3.9　检修规程 ························· 191
　　10.3.10　操作规程 ························ 191
　　10.3.11　尾气处理 ························ 191
　　10.3.12　生产厂区严禁烟火 ··················· 191
10.4　羰基法精炼镍（铁）车间的通风设置 ··············· 191
　　10.4.1　通风设置是羰基法精炼镍精炼车间安全的最重要保障 ···· 191
　　10.4.2　国内外羰基法精炼镍精炼厂的通风现状及要求 ······· 192
　　10.4.3　羰基法精炼镍精炼车间通风设计的依据 ·········· 194
　　10.4.4　羰基法精炼镍精炼车间需要解决的几个问题 ········ 194
　　10.4.5　防毒物泄漏和解毒装置 ················· 196
　　10.4.6　防火防爆措施 ······················ 197
10.5　安全培训大纲 ························· 197
10.6　四羰基镍络合物急性中毒及治疗 ················ 198
参考文献 ····························· 200

1 羰 基 冶 金

1.1 概述[1,2,4]

1.1.1 定义

羰基冶金（Carbonyl Metallurgy），也称羰基法精炼金属（Carbonyl Refining Metal）。它是属于气化冶金领域中的一个分支。它是利用羰基金属络合物的合成与分解反应特性，从含有可以进行羰基合成反应的金属原料中提取金属的方法，被称为羰基冶金。

在一定的温度及压力下，原料中含有能够形成羰基络合物的金属元素（Fe、Ni、Co 等）与一氧化碳气体进行羰基金属络合物的化合反应，生成羰基金属络合物 $[Me + nCO \rightleftharpoons Me(CO)_n]$。该反应是一个可逆反应，利用生成羰基金属络合物的逆反应（分解反应）获得纯金属。

羰基冶金技术不但具有工艺流程短、节能、高效的优点，而且还能够获得高纯度、形状各异、物理及化学性能独特的金属材料。因此，羰基冶金产品被广泛地应用在冶金、化工、机械、电子、航空航天及国防工业上，也是发展高科学技术领域中不可缺少及不可以代替的材料。

1.1.2 羰基冶金的发展史

四羰基镍络合物是英国科学家蒙德（Dr Ludwing Mond）于 1889 年发现的，它是羰基金属络合物家族中，第一个被发现的羰基金属络合物。

蒙德通过对于四羰基镍络合物的物理及化学特性研究后，发现四羰基镍络合物可以在低温条件下，容易分解成金属镍和一氧化碳气体。于是，他马上就意识到四羰基镍络合物的冶金意义及商业价值。蒙德首先在伯明翰实验室里进行四羰基镍络合物的合成及热分解的研究，他利用草酸镍为原料，通过氧化焙烧及还原处理后获得超细的镍粉末。与此同时，通入一氧化碳气体，在常压下，实验室成功合成四羰基镍络合物后，于 1902 年蒙德和朗格尔（Dr Carl Langer）在英国威尔士 Clydach 建立世界上第一座 Mond 常压羰基法精炼镍工厂，年产量达到 28000t，开创了羰基法精炼镍的先河。

第二次世界大战前德国苯胺与苏打公司（BASF），率先采用高压羰基法精炼镍和铁工艺，建立年产 6000t 的高压法精炼镍工厂。1953 年，俄罗斯诺列斯克采用高压羰基法精炼镍技术，建立年产 5000t 的羰基镍厂。目前，加拿大、英国、德国、新克里多尼亚、俄罗斯、美国、中国及其他一些国家地区中，羰基法精炼铁、镍、钼、钨、铬、钴已处于工业规模和半工业规模。

由于金属镍的战略地位及其在冶金领域中的广泛应用，羰基法精炼镍的技术发展最快。继英国克里达奇精炼厂投产后，1973 年加拿大国际镍公司在铜崖（INCO Copper-Cliff Refining）建立中压羰基法精炼镍的新工艺。加拿大国际镍公司铜崖精炼厂的年产量为 56000t（镍丸、镍粉末及铁镍合金粉末）。加拿大国际镍公司铜崖精炼厂不仅产量居世界第一，而且技术及环保也处于领先位置。同年加拿大国际镍公司在新硌里多尼亚新建的布瓦兹精炼厂投产，年产 50000t 镍丸。从上述可见，1973 年后国际镍公司扩产就超过 10 万吨。

进入 20 世纪 50 年代，我国开始研发羰基法精炼镍技术。冶金工业部钢铁研究院于 1958 年开始研发羰基法精炼镍技术。在实验室获得的研究成果基础上，钢铁研究院和钢铁设计研究院联合设计，于 1965 年建立 100t 级羰基法精炼镍工厂，开始供应国内急需的羰基镍粉末。

进入 2000 年后，羰基冶金在中国获得高速发展。从建立 100t 级实验厂起步，逐渐扩大 500t 级羰基法精炼厂。经过几十年科研和生产实践的积累，在消化国外技术的基础上，由我国科学技术人员自行设计，具有自主知识产权和专利权的现代化的羰基法精炼镍工艺已经投产。金川集团公司、吉林吉恩镍业股份有限公司（引进加拿大 CVMR 公司技术）都建立了从千吨到万吨级的羰基镍铁精炼厂。中国羰基冶金近 10 年来发展猛进，目前产量已经超过德国及俄罗斯。现在全世界羰基法生产镍的年产量可达到 15 万~20 万吨[5]。

利用羰基金属络合物的合成反应，不但可以从多种金属元素共生的原料中，方便地分离出纯金属；还可以在羰基法精炼镍铁条件下，把含在原料中不容易生成羰基化合物的贵金属元素（锇、铱、钌、铑、铂、金）留在残渣里，富集贵金属。羰基合成的各种羰基络合物，本身就是非常好的催化剂。金属羰基络合物的热分解可以制取各种不同类型的纯金属，如粉末材料、针状材料、胡须材料、薄膜材料、涂层材料等。

1.2 已经获得的羰基金属络合物及一般属性[1~3]

1.2.1 已经获得的羰基金属络合物

目前，已经合成出的羰基金属络合物有 40 多种，如络合物四羰基镍 $[Ni(CO)_4]$，五羰基铁 $[Fe(CO)_5]$、八羰基钴 $[Co_2[(CO)_4]_2]$、六羰基钼 $[M(CO)_6]$、六羰基钨 $[W(CO)_6]$、羰基铌、羰基钽等。科学工作者先后合成出五羰基铁（1891 年）、羰基钴（1908 年）、羰基钼、羰基钨（1910 年）、羰基铌、羰基钽（1959 年）及羰基钒（1960 年）。

制取羰基金属络合物是羰基法冶金过程的第一步。它是利用含有可以形成羰基金属络合物的金属原料，在一定的温度及压力下与一氧化碳气体进行合成反应，形成羰基金属络合物。

元素周期表中 I ~ V 族的所有元素、VI ~ VIII 族元素可以形成羰基金属络合物。

（1）第 I ~ IV 族金属元素形成的羰基金属络合物。第 I 族的铜、银、金等金属与一氧化碳及其他元素的混合物。例如：$Cu(CO)Cl$、$Cu_2(CO)_2Cl_2$、$Cu(CO)I$、$Cu(CO)Br$、$AgSO_4(CO)$、$Au(CO)Cl$、$Au(CO)Br$、$Au(CO)I$、$Au(CO)H$ 等代替羰基金属络合物已经合成出来；铜的羰基金属络合物 $Cu_2(CO)_6$、银的羰基金属络合物 $Ag_2(CO)_6$ 和金的羰基金属络合物 $Au(CO)_6$ 也已经被合成出来。

在周期表中的 IV 族的羰基金属络合物中有羰基钛 $[Ti(CO)_n]$、羰基锆 $[Zr(CO)_n]$、羰基铪 $[Hf(CO)_n]$、羰基钍 $[Th(CO)_7?]$、羰基钒 $[V(CO)_6$、$V_2(CO)_{12}]$。

（2）第 VI 族金属元素形成的羰基金属络合物。羰基钼 $[Mo(CO)_6]$，它是 VI 族金属元素中的第一个金属羰基化合物；六羰基铬 $[Cr(CO)_6]$、六羰基钨 $[W(CO)_6]$。

（3）第 VII 族金属元素形成的羰基金属络合物。羰基锰 $[Mn_2(CO)_{10}]$、羰基锝 $[Tc_2^{99}(CO)_{10}]$、羰基铼 $[Re_2(CO)_{10}]$。

（4）第 VIII 族金属元素形成的羰基金属络合物。羰基铁 $[F(CO)_5$、$Fe_2(CO)_9]$、羰基镍 $[Ni(CO)_4]$、羰基钴 $[Co_2(CO)_8]$。

1.2.2 几种产业化羰基金属络合物的一般性质

1.2.2.1 四羰基镍络合物的性质

四羰基镍络合物 $[Ni(CO)_4]$ 在常压下是一种无色的液体，相对分子质量为 170.5，含 Ni 34.37%，其沸点为 43.2℃，冰点为 -19℃，25℃ 时密度为 1.31g/cm³，蒸气压为 50.66kPa，在 0℃ 时也有 17.865kPa 的蒸气压，难溶于水，其蒸气密度是空气的 5.9 倍。在有氧气或者空气存在时，加热到 60℃ 会强烈地分解；燃烧速率为 2.7mm/min，临界温度约 200℃，临界压力约 3040kPa；闪火点低于 -18℃，自燃点小于 93℃。最低可以燃烧的极限为 2%，在空气中它与空气混合适当浓度到达 3.5%~4.8%，就会形成具有爆炸危险的混合物。

四羰基镍络合物是一种非常危险的有害气体，属一级危险物质，健康危害等级为 4。具有明显刺激性和被反复吸收性的常见毒性作用，能损伤中枢神经系统、呼吸器官、造血器官和皮肤。四羰基镍络合物进入人体的途径是通过呼吸道和未损伤的皮肤。当空气中的浓度达到 0.0035mg/L 时，人会感到特别刺鼻，难以呼吸。

1.2.2.2 五羰基铁络合物的性质

五羰基铁络合物的相对分子质量为 195.90，熔点为 -21℃，沸点 (101.325kPa) 为 105℃，液体密度 (101.325kPa，21℃) 为 1457kg/m³，气体比热 C_p (25℃) 为 886J/(kg·K)，燃点为 320℃，蒸气压为 5.7kPa(30℃)、14.5kPa(50℃)、46kPa(80℃)，易燃性级别为 4，毒性级别为 4，反应活性级别为 3。羰基铁是不稳定的易燃性化合物，能自燃，与氧化性化合物激烈反应。它不溶于水，溶于醇、醚、苯及浓硫酸。

五羰基铁络合物的毒性级别为 4，急性毒性为 LD50 12mg/kg（兔经口）、240mg/kg（兔经皮）、22mg/kg（豚鼠经口）。

1.2.2.3 八羰基钴络合物的性质

八羰基钴络合物是橘红色固体，易升华。熔点为 50~51℃，45℃ (1.33kPa) 升华，密度为 1.73g/cm³，溶于乙醚等非极性溶剂。

1.2.2.4 六羰基钼络合物的性质

六羰基钼是正棱形无色晶体，晶体密度为 1.96 (15℃)，六羰基钼是反磁物质，透磁性-2.8×10⁻⁶。六羰基钼在 30~40℃升华，分解温度为 150℃，400℃完全分解。熔化温度为 140℃，沸腾温度为 155℃。Mo(CO)₆的升华热为 68.09kJ/mol；蒸发热为 72.44kJ/mol。六羰基钼不与浓硫酸、盐酸起作用，与硝酸迅速反应。纯净六羰基钼对于光不敏感，但污染后光可以分解。

1.2.2.5 六羰基钨络合物的性能

六羰基金属络合物的晶体为斜方晶系，晶胞参数 $a = 11.90$、$b = 6.42$、$c = 11.27$。

六羰基钨是无色晶体，在 50℃时开始升华，在 100~150℃时开始分解，产生金属涂层及一氧化碳气体。在 125℃时，晶体破坏。

在温度升高时，六羰基钨产生分解。通过质谱仪检测羰基钨分解产物为 $W(CO)_4$、$W(CO)_3$、$W(CO)_2$、$W(CO)$。

在室温时，六羰基钨不溶于浓硫酸及盐酸，甚至也不和稀的硝酸及溴水起反应。六羰基钨少量地溶解在醇、溴、苯中。六羰基钨的沸点为 175~178℃。恒容形成热为 271.28kJ/mol，恒压形成热为 256.65kJ/mol；元素形成热是 916.63kJ/mol，蒸发热是 69.64kJ/mol，升华热是 74.03kJ/mol。

1.2.3 羰基金属络合物的晶体结构

羰基金属络合物的晶体结构列入表1-1中。

表1-1 羰基金属络合物的晶体结构

族	羰基金属	晶型	晶格常数/Å				键长/Å		
			a	b	c	β	Me—Me	Me—C	C—O
V	$V(CO)_6$	斜方	11.97	11.28	6.47	—	—	—	—
VI	$Cr(CO)_6$		11.72	6.27	10.89	—	—	1.80	1.13
VI	$Mo(CO)_6$		12.02	6.48	11.23	—	—	2.13	1.13
VI	$W(CO)_6$		11.90	6.42	11.27	—	—	2.30	1.13
VII	$Mn_2(CO)_{10}$	单斜	14.60	7.11	14.67	105°	2.92	—	—
VII	$Tc_2(CO)_{10}$		14.72	7.20	14.90	104.5°	3.02	—	—
VII	$Re_2(CO)_{10}$		14.70	7.15	14.91	106°	3.02	—	—
VIII	$Fe(CO)_5$	单斜	11.71	6.80	90.28	107.6°	—	1.84	1.14
VIII	$Fe_2(CO)_9$	六角	6.45	15.98			2.46	1.90	1.15
VIII	$Fe_3(CO)_{12}$	单斜	8.88	11.33	17.14	97.9°	2.75		
VIII	$Ru_3(CO)_{12}$	单斜	$a:b:c=0.55:1.00:0.986$			104.4°			
VIII	$Os_3(CO)_{12}$	单斜	8.10	14.79	14.64	100.27°	2.88	1.95	1.14
VIII	$Co_2(CO)_8$		—	—	—	—	2.54		
VIII	$Co_4(CO)_{12}$	斜方	11.66	8.94	17.14		2.50		
VIII	$Rh_6(CO)_{16}$	单斜	17.00	9.78	17.53	121.45°	2.78	1.86	1.16
VIII	$Ni(CO)_4$	立方	10.84	—	—	—	—	1.84	1.15

注：1Å=0.1nm。

1.2.4 羰基金属络合物的电子配位

羰基金属络合物的电子配位列入表1-2中。

表1-2 羰基金属络合物的电子配位

周期	电子配位	元素族		
		IV	V	VI
4	氩气电子配位 ($1s^2 2s^2 2p^6 3s^2 3p^2$)	$Ti(sd^2 4s^2)$ $Ti(CO)_7$?	$V(3d^3 4s^2)$ $V(CO)_6$ $V_2(CO)_{12}$	$Cr(3d^5 4s)$ $Cr(CO)_6$
5	氩气电子配位 (Ar+$3d^{10} 4s^2 4p^6$)	$Zr(4d^2 5s^2)$ $Zr(CO)_7$?	$Nb(4d^2 5s)$ $Nb_2(CO)_{12}$?	$Mo(4d^5 5s)$ $Mo(CO)_6$

周期	电子配位	元素族		
		IV	V	VI
6	氙气电子配位 （Kr+$4d^{10}5s^25p^6$）	Hf（$4d^{14}5d^26s^2$） Hf（CO）$_7$?	Ta（$4f^{14}5d^36s^2$） Ta$_2$（CO）$_{12}$?	W（$4f^{14}5d^46s^2$） W（CO）$_6$
7	氡气电子配位 （Xe+$4f^{14}5d^{10}6s^26p^6$）	Th（$6d^27s^2$）	Pa（$5f^26d7s^2$）	U（$5f^36d7s^2$）

周期	电子配位	元素族				
		VII	VIII			I
4	氩气电子配位 （$1s^22s^22p^63s^23p^2$）	Mn （sd^54s^2） Mn（CO）$_{12}$	Fe （$3d^64s^2$） Fe（CO）$_5$ Fe（CO）$_9$ Fe（CO）$_{12}$	Co （$3d^74s^2$） Co$_2$（CO）$_8$ Co$_4$（CO）$_{12}$	Ni （$3d^84s^2$） Ni（CO）$_4$	Cu （$3d^{10}4s$） Cu（CO）$_6$?
5	氪气电子配位 （Ar+$3d^{10}4s^24p^6$）	Tc （$4d^65s$） Tc$_2$（CO）$_{10}$ Tc$_3$（CO）$_{12}$	Ru （$4d^75s$） Ru（CO）$_5$ Ru$_2$（CO）$_9$ Ru$_3$（CO）$_{12}$ ［Ru（CO）］$_x$	Rh （$4d^85s$） Rh$_2$（CO）$_8$ Rh$_4$（CO）$_{12}$ Rh$_6$（CO）$_{16}$ ［Rh$_2$（CO）$_3$］$_x$ ［Rh$_4$（CO）$_{11}$］$_x$	Pd （$4d^{10}$） Pd（CO）$_4$	Ag （$4d^{10}5s$） Ag$_2$（CO）$_6$
6	氙气电子配位 （Kr+$4d^{10}5s^25p^6$）	Re （$4f^{14}5d^56s^2$） Re$_2$（CO）$_{10}$	Os （$4f^{14}5d^66s^2$） Os（CO）$_5$ Os$_2$（CO）$_5$ Os$_3$（CO）$_5$	Ir （$4f^{14}5d^76s^2$） Ir$_2$（CO）$_8$ Ir$_4$（CO）$_{12}$ ［Ir$_2$（CO）］$_x$	Pt （$4f^{14}5d^96s$） Pt（CO）$_4$? ［Pt（CO）$_2$］$_x$	Au （$4f^{14}5d^{10}6s$） Au$_2$（CO）$_6$?

注：Ti（CO）$_7$? 等，凡是标有？的羰基金属络合物，目前的科学研究尚不能确定分子式。

1.2.5 羰基金属络合物的其他物理性质

羰基金属络合物的其他物理性质列入表1-3中。

表1-3 羰基金属络合物的其他物理性质

族	羰基物	物态	颜色	温度/℃				密度 /kg·m^{-3}	空气敏感度	溶解的溶剂
				升华	沸腾	融化	分解			
V	V（CO）$_6$	固	蓝绿	40			70		是	醚，吡啶 甲苯，苯

族	羰基物	物态	颜色	温度/℃				密度/kg·m⁻³	空气敏感度	溶解的溶剂
				升华	沸腾	融化	分解			
VI	$Cr(CO)_6$	固	无色	30	147	153	90~230	1.77	不	三氯甲烷,醚,苯,乙醇
	$Mo(CO)_6$	固	无色	40	155	148	130~400	1.96	不	醚,苯
	$W(CO)_6$	固	无色	50	175	169	140~500	2.65	不	醚,乙醇
VII	$Mn_2(CO)_{10}$	固	金黄	50		154	110~300	1.81	弱	醚,有机溶液
	$Tc_2(CO)_{10}$	固	无色	50		159	60~70			醚,丙酮
	$Re_2(CO)_{10}$	固	无色	140		177	180~400	2.79	不	醚,乙醇
VIII	$Fe(CO)$	液	淡黄	100	103	-20	60~250	1.47	不	醚,苯汽油
	$Fe_2(CO)_9$	固	黄		105		95~100	2.06	弱	醚,苯汽油
	$Fe_3(CO)_{12}$	固	黑绿	60			140	2.00	弱	醚,苯
	$Ru(CO)_5$	液	无色			-20	-10~220		是	三氯甲烷,四氯化碳,乙醇
	$Ru_3(CO)_{12}$	固	橙黄		138	-76	76~200			
	$Os(CO)_5$	固				-15				
	$Os_2(CO)_{12}$	固	淡黄	130		224			不	少溶苯
	$Co_2(CO)_8$	固	橙黄	45		51	25~52	1.82	是	石油,氯苯,苯,乙醇
	$Co_4(CO)_{12}$	固	黑绿				60		是	苯
	$Rh_2(CO)_5$	固	橙黄			76			是	
	$[Rh(CO)_3]_x$	固	红				200		不	
	$Rh_6(CO)_{16}$	固	黑				220		是	少溶苯
	$Ir_2(CO)_8$	固	绿黄	160			100~160			
	$[Ir(CO)_3]_x$	固	金黄				210		不	
	$Ni(CO)_4$	液	无色	30	43	-25	60~200	1.31	不	醚,苯,乙醇,丙酮
	$[Pt(CO)_2]_x$	固	樱桃				210	3.55	是	酮,苯胺,吡啶,乙醇

1.3 羰基冶金的工艺特点[7]

羰基冶金能够从含有多种金属元素的原料中，通过选择羰基化反应，提取有价金属。一般提取率大于96%，最高提取率可达到99%，该方法具有原料广泛的特点。从理论上讲，凡是含有可以形成羰基络合物的金属元素都能够从原料中提取出来，如硫化镍矿、氧化物、含有镍的失效催化剂等。羰基冶金可以有效地从含有贵金属的原料中，富集贵金属；另外，工艺流程短、能耗低、无废液、无废气、无废渣的环保工艺又是一大特点；其次是产品不但具有独特的物理化学性能，而且成本低。表 1-4 给出 20 世纪 60 年代俄罗斯北方镍公司的羰基法与电解法生产镍的成本比较。

表 1-4 俄罗斯北方镍公司的羰基法与电解法生产镍的成本比较

项 目 名 称	电解法	羰基法
回收率/%	88	>92
工作时间/d	30	6
人工数量(生产 1000t 镍)/人	110	28
电耗/kW	7000	2800
厂房/m²	25	10
车间主要消耗/卢布	7500	700
蒸汽/t	15	8~17
车间成本/卢布	5400	4500
总成本/卢布	21000	16000

注：1 卢布 = 0.1184 元。

1.4 羰基冶金的产品特性

羰基冶金生产的产品不但种类繁多，而且物理化学性能独特。它还是高科技中不可缺少的高附加值材料，被广泛应用在高科技领域中，如：航空航天材料、通讯材料、电子材料、化工材料等。其产品特点如下：

（1）多元组分产品。制备单质纯金属或者多元的合金材料（Fe、Ni、Co、Fe-Ni、Fe-Co、Fe-Co-Ni）等。

（2）形状各异的产品。通过控制羰基络合物的热分解条件，可以制备具有各种几何形状，而且性能优异特殊功能材料。

1）零维材料：纳米粉末、微米粉末。

2）一维材料：针状、链状。

3）二维材料：薄膜材料。

4）三维材料：丸状、板块材料。

5）形状复杂材料：机械不能够加工的复杂几何形状材料。

6）多孔的海绵体材料等。

（3）复合材料：包覆粉末、包覆纤维和海绵体被覆材料等。

（4）泡沫材料：用于电池材料的镍泡沫毡、高效催化剂等。

（5）梯度材料：在制备多种成分材料中，可以通过控制热分解羰基络合物的浓度混合变化，获得成分准确的梯度材料。

（6）流体材料：如高性能的磁性液体、磁流变体、气缸修复材料及磁性润滑油等。

（7）空心材料：空心球、空心纤维等。

1.5 安全防护及环境保护

在羰基冶金的工艺流程中，有一些羰基络合物具有毒性，尤其是羰基镍络合物，不但是剧毒物质，而且是易燃易爆危险品。所以，羰基法精炼镍的工厂制定了极为严格的安全及环境保护操作制度。为了保障安全生产，首先是设计的工艺流程符合安全环保要求。特别羰基络合物合成工段、羰基络合物贮存工段及羰基络合物精馏提纯工段自成单独隔离空间。羰基法精炼工艺流程中压力容器符合化工三类容器设计的要求，设备具有优良的密封性。车间具有强大的送风及排风系统，对于羰基镍和羰基铁车间，要求车间内空气换风次数每小时达到 $6 \sim 10$ 次，确保车间内羰基镍和羰基铁的浓度低于 0.001×10^{-6}。车间的排放气体经过焚烧炉燃烧消毒后排放，保证环境安全。车间设置灵敏的羰基镍、羰基铁及一氧化碳监测仪（灵敏度达到 ppb 级，即 10^{-9} 级），一旦有羰基物泄漏浓度超标就立刻报警，连锁启动安全设施。羰基法精炼工厂的工作人员要进行技术培训，成绩合格者才能够进入车间工作。设立专门的医疗组，一旦发生中毒事故能够得到及时的医治。

1.6 羰基冶金的现状及展望[2,5~7]

目前，加拿大、英国、德国、新克里多尼亚、俄罗斯、美国、中国及其他一些国家地区中，羰基法精炼铁、镍已经具有大规模的产业化。羰基法精炼钼、钨、铬、钴也处于工业规模和半工业规模。

由于金属镍的战略地位及在冶金领域中的广泛应用，所以羰基法精炼镍的技术发展最快。羰基冶金在今后的发展中，应该在以下几个方面开展研究工作。

（1）新原料的开发及应用：全世界红土矿镍资源比较丰富，应该开展作为羰基法精炼镍的原料开发研究；由于镍资源有限，应该大力开展镍资源二次回收（含催化剂、合金等）。羰基法精炼工艺具有独特的优势。

（2）新工艺：研究新工艺，利用羰基法提取金属的有利特点，能够在一个工艺流程中将原料中的有价金属分批次分离出来，使得有限的资源获得充分利用，这种提取金属的工艺既经济又环保。

（3）安全环保：由于羰基金属属于易燃易爆及毒性很强的危险化工品，所以羰基法精炼镍车间安全及周边环保极为重要。当前在国内应该研发高灵敏度羰基镍分析仪，提高车间及周边空气中有害气体检测分析灵敏度。

参 考 文 献

［1］Бёлозерский Н А. Карбонилй Металлов. Москва：Научно. тёхничесое издательства. 1958：23～35.

［2］Сыркинвг. Карбонильные Металлы. Москва. Метллургия. 1978：5～39.

［3］Сыркинвг. Карбонильные Металлы. Москва. Метллургия. 1978：86～110.

［4］Joseph R Boldt. The Winning of Nickel. Paul Queneau, 1967：374～383.

［5］冶金工业部情报研究所陈维东. 国外有色冶金工厂（镍与钴）［M］. 北京：冶金工业出版社，1985.

［6］滕荣厚，等. 诸因素对铜–镍合金羰基化的影响［J］. 钢铁研究总院学报，1983（1）：37～42.

［7］何焕华，等. 中国镍钴冶金［M］. 北京：冶金工业出版社，2000.

2 四羰基镍络合物

2.1 四羰基镍络合物的发现及结构[1]

2.1.1 四羰基镍络合物的发现

四羰基镍络合物是英国科学家蒙德（Dr Ludwing Mond）于1889年发现的。它是羰基金属络合物家族中第一个被发现的羰基金属络合物。那是在一个非常偶然的情况下，英国科学家蒙德在实验室里做实验时，当具有一定压力的一氧化碳气体通过镍的阀门时，发现在排放燃烧的气体中带有紫红色的火焰。蒙德经过研究发现：被点燃的混合气体中含有一种容易挥发的气体化合物。研究人员通过冷冻混合气体，很容易地将该种化合物分离出来，获得无色透明的液体——四羰基镍。它就是过渡元素中第一个被发现的羰基镍络合物——四羰基镍。

蒙德在实验室合成羰基镍络合物的装置如图2-1所示。

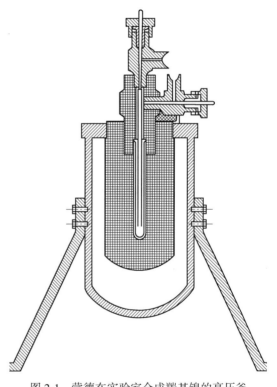

图 2-1　蒙德在实验室合成羰基镍的高压釜

2.1.2 四羰基镍络合物的结构

在四羰基镍络合物中，镍与四个一氧化碳分子相结合，通过碳原子的 $2s$ 电子和 4 个 $4s4p$ 金属原子连接，形成四个配位键。蒙德经过研究后，重新揭示了四羰基镍络合物的结构，他认为镍是 8 价的结构，通过计算得出四羰基镍络合物的结构类似酮的结构。每一个一氧化碳原子借助于双键与金属镍连接，这样很快就能够计算出金属镍的 8 价结构。这种环形的 8 价结构更进一步说明：这种分子形式 $[Ni(CO)_3]CO$ 的四羰基镍络合物是没有根据的。四羰基镍络合物的结构如下：

$$Ni \begin{array}{c} CO-CO \\ | \\ CO-CO \end{array}$$

通过电子衍射、红外射线、红外光谱、复合光谱、磁化率以及拉曼光谱等测试分析指出：所有的一氧化碳分子团，都不连续地与中心的金属原子相连接。耦合是通过碳原子来实现的，Ni-C-O 三个原子处在一条直线上。镍与一氧化碳连接。

拉曼光谱的分析没有能够给出：金属镍原子是四面体或者平面结构，但是在四羰基镍络合物分子中，金属镍原子间距被确定了。Ni-C = 1.82±0.03Å 或者 1.84±0.03Å；C-O = 1.15±0.03Å；Ni-O = 2.99±0.03Å❶。

拉曼光谱研究了一氧化碳气体所具有的标识线为 2155CM⁻¹，而四羰基镍络合物的标识线为 2125CM⁻¹ 和 2309CM⁻¹，两者没有大的区别。在四羰基镍络合物的分子中，一氧化碳分子保持自由状态（O 双链 Ni∶∶C）。

2.2　实验室获得四羰基镍络合物的方法

实验室里合成羰基镍络合物的方法，是供科学研究少量制取羰基镍络合物的简单易行的办法。现将几种简单方法介绍如下。

2.2.1　含镍原料与 CO 直接进行羰基合成反应

2.2.1.1　金属镍粉末原料直接与 CO 进行合成反应

蒙德在实验室合成四羰基镍络合物的原料是草酸镍，将草酸镍原料加热到 400℃后，通入 H_2 进行还原反应，获得细的镍粉末。再将细的镍粉末装入合成反应器中并加热到 60℃，待合成反应器稳定后，向反应器内通入 CO 气体。镍粉末与 CO 进行常压合成反应，生成四羰基镍络合物，这是蒙德在实验室里首次成功的制备出四羰基镍络合物。

还可以利用高压氢还原镍粉末、电解镍粉末、雾化镍粉末以及羰基镍粉末废料等，经过成型后装入高压反应釜内进行羰基合成。合成反应的温度控制在 60~180℃，CO 的压力控制在 7~10MPa。

2.2.1.2　含镍物料与 CO 直接进行羰基镍络合物合成反应

四羰基镍络合物的合成不仅仅以金属镍粉末为原料，还可以利用镍的合金、

---

❶　1Å = 0.1nm。

硫化物、含有镍粉末混合物（含有铜、铁、钴）为原料。在 CO 压力为 7～20MPa，温度在 90～200℃时可以获得四羰基镍络合物。以铜-镍合金为例，此合成反应分成两段进行：

$$Ni_3S_2 + 4Cu \longrightarrow 2Cu_2S + 3Ni$$

$$3Ni + 12CO \longrightarrow 3Ni(CO)_4$$

$$Ni_3S_2 + 4Cu + 12CO \longrightarrow 2Cu_2S + 3Ni(CO)_4$$

2.2.1.3 镍的卤化物与 CO 直接进行羰基镍络合物合成反应

将氯化镍与铜粉末或者银粉末混合，在较高的温度和压力为 21.28MPa 的条件下，有 10%的镍被合成为四羰基镍络合物；在同样的条件下，溴化镍合成率为 50%～55%。在 250℃，CO 压力为 20MPa 时，溴化镍与银粉末混合后，合成 15h 获得 19.2%四羰基镍络合物；用铜粉末代替银粉末时（溴化镍：铜＝1：4），获得四羰基镍络合物为 52.8%。在上述条件下，采用纯氯化镍，获得四羰基镍络合物 2%；溴化镍获得 10%；碘化镍获得 100%。

2.2.2 利用镍的盐类在液体中进行合成反应

2.2.2.1 悬浮水溶液中进行羰基镍络合物合成反应

在悬浮水溶液中，控制温度在 -9℃时，在不断地摇动一价氰化镍溶液的同时，加入 CO。此时，CO 被迅速的吸收，在形成复杂的氰化羰基络合物的同时，在反应系统的空间里发现四羰基镍络合物气体的存在。

$$2NiCN + 2CO \longrightarrow 2NiCNCO$$

$$2NiCNCO + 2CO \longrightarrow Ni(CO)_4 + Ni(CN)_2$$

$$2NiCN + 4CO \longrightarrow Ni(CO)_4 + Ni(CN)_2$$

2.2.2.2 碱性溶液进行羰基镍络合物合成反应

二价氰化镍 $Ni(CN)_2$ 的碱性溶液和一价的氰化络合镍 $K_4(Ni_{12}(CN)_6)$ 吸附 CO，红色的络合物溶液很快就会变成淡红色，生成羰基氰化络合物。

$$K_4(Ni_{12}(CN)_6) + 2CO \longrightarrow 2K_2(Ni(CN)_3CO)$$

在中性溶液的范围内，当 pH＝7 时，该络合物应该按下列方式进行分解：

$$4K_2(Ni(CN)_3CO) + H_2O \longrightarrow Ni(CO)_4 + 3K_2(Ni(CN)_4) + 2KOH + H_2$$

空气中的氧气在强碱性介质中氧化络合物：

$$2K_2(Ni(CN)_3CO) + 4NaOH + O_2 \longrightarrow K_4(Ni_2(CN)_6) + 2Na_2CO_3 + 2H_2O$$

在一氧化碳的气氛中，该络合物可以合成四羰基镍络合物，其合成率大约为 3.5%。

$$2K_2(Ni(CN)_3CO) + 7CO + 4HCl + H_2O \longrightarrow 2Ni(CO)_4 + 6HCN + 4KCl + CO_2$$

　　如果没有空气和水存在的条件下，在 40℃ 的液体氨中，使用 CO 气体处理 $K_4(Ni(CN)_6)$，然后蒸发氨则获得黄色晶体粉末 $K_2(Ni(CO)(CN)_3)$，此化合物非常容易吸水，而且对于空气特别敏感；但是在氮气保护下或者在真空条件下十分稳定。在酒精溶液中，化合物非常不稳定，在纯的酒精中该化合物会释放出 CO 及四羰基镍络合物蒸气。

　　经过对于一价氰化镍与 CO 作用试验的基础上，指出：低价的氰化镍与 CO 非常容易合成四羰基镍络合物。

　　当 CO 通过含有某些盐的碱性悬浮液时，同样可以合成四羰基镍络合物。通过对这个合成反应的机理研究后并得出结论：在某些情况下，镍在化合物中的电位可以提高到相应的合成四羰基镍络合物的值时，四羰基镍络合物合成反应就发生了。例如：用 CO 处理绿化镍的碱性悬浮液时，在有硫化镍参加的条件下，四羰基镍络合物的合成反应是按照下列方式进行：

$$2NiCl + NiS + 12CO + 6NaOH \longrightarrow 3Ni(CO)_4 + Na_2SO_3 + 6NaCl + 3H_2O$$

　　马恩斯在研究 CO 与硫化镍在碱性溶液作用时、四羰基镍络合物的合成反应时，按下列方式进行：

$$NiS + 5CO + 4KOH = Ni(CO)_4 + K_2CO_3 + K_2S + 2H_2O$$

　　此合成反应的热效应为 247.04kJ/mol，同时会产生微量的 $K_2CO_3+K_2S+2H_2O$ 的副产品。因为该反应具有可逆性，因此四羰基镍络合物的合成产物，只是从可溶性产物中连续不断的排出。四羰基镍络合物的合成率是随着反应的温度及碱的浓度而增加的。CO 气体可以和碱溶液中的硫化镍完全进行羰基合成反应。碱金属的硫化物加入反应系统中，对于四羰基镍络合物的合成起不良作用；添加硫酸盐有利于四羰基镍络合物的合成。在室温条件下，添加连二亚硫酸盐对四羰基镍络合物合成是有利的，但是四羰基镍络合物合成反应在温度达到 60℃ 时，就立刻停止。

　　硫化物的碱溶液可以用氰化物来代替：

$$NiCl + KCH + 2NaOH + 4CO \longrightarrow Ni(CO)_4 + KCNO + 2NaCl + H_2O$$

　　在这个反应里，硫的氧化是从 2 价到 4 价；或者通过氮从 3 价到 5 价；镍从 2 价还原到 0 价。

　　四羰基镍络合物可以从很多镍盐的溶液中被合成出来，Penne 研究了利用氯化镍的氨溶液制备四羰基镍络合物的方法。它是一种非常经济的工业化方法，其羰基镍络合物合成反应的条件是：温度为 80~160℃，一氧化碳压力为 5~14MPa。

$$NiCl_2 + 6NH_3 \longrightarrow Ni(NH_3)_6Cl_2$$

$$Ni(NH_3)_6Cl_2 + 5CO + 2HO_2 \longrightarrow Ni(CO)_4 + (NH_4)_2CO_3 + 2NH_4Cl + 2NH_3$$

四羰基镍络合物的合成过程分为三个阶段进行：

$$Ni(NH_3)_6Cl_2 + 2HO_2 \longrightarrow Ni(OH)_2 + 2NH_4Cl + 2NH_3$$
$$Ni(OH)_2 + CO \longrightarrow Ni + H_2CO_3$$
$$Ni + 4CO \longrightarrow Ni(CO)_4$$

在第一个阶段，氨和氯化铵的过剩使得水解减速，同时合成四羰基镍络合物。当提高温度和 CO 压力的同时，再提高搅拌速度，有利于四羰基镍络合物的合成反应加速进行。但是有硫化物和氧存在时，四羰基镍络合物合成反应就停止。氮气、氢气对于四羰基镍络合物合成反应无影响。

利用镍盐的碱性溶液来合成四羰基镍络合物时，其原料可以是亚硫酸钠、硫醇钠、硫代硫酸钠、连二硫酸钠、甲醛亚硫酸钠来代替碱金属的硫化物。例如：含有硫酸钠、硫酸氢钾的苛性钾溶液，能够强烈地吸收 CO，迅速地形成四羰基镍络合物和硫化物。如果利用硫化钠来代替硒化钠时，则形成四羰基镍络合物的反应进行得非常缓慢。

2.2.2.3 混合溶液中进行羰基镍络合物合成反应

利用硫酸镍与苛性钾、乙烷基硫醇的混合溶液中通入 CO，在室温的条件下，经过振动后形成四羰基镍络合物的合成反应，在碱性介质中硫醇镍也能够吸收 CO，形成四羰基镍络合物。

由镍苯基二硫代偕肼腙，在有机硫化钠的条件下配制成溶液，在室温的条件下通入 CO，经过 2h 后，四羰基镍络合物合成率可以达到 33%。

如果在 80℃ 的条件下，镍的二硫代苯溶解在新蒸馏的环己烷中，加入碱后则溶液由黑色变成黑绿色，然后通入 CO 长达 22h，四羰基镍络合物的合成率达到 90%。如果加入重硫化钠，再加入 CO，经过 4h 后，四羰基镍络合物的合成率达到 50.5%。

镍的多硫代苯的碱溶液，在环己烷里，当温度加到 80℃ 时，通入 CO 124h 后，四羰基镍络合物的合成率可以达到 38%。

将 2mol 的氨基硫代酸，10mol 的苛性钠，置入 20mL 的醇液里，通入 CO 进行振动。此时，再将 1mol 的氯化镍加入到 30mL 醇液中，将该溶液按照点滴法滴入到前一个溶液中，经过 2h 后，开始有蓝色析出物，沉淀后变成绿色，最后变成黄色，四羰基镍络合物的合成率达到 35%。

Хубер 认为：在镍的有机硫代酸化合物与 CO 反应时，四羰基镍络合物的合成产物中有四价的金属络合物。同时，二价镍被还原成零价的镍并形成四羰基镍络合物。

$$2Ni^{2+} + 4CO \longrightarrow Ni^{4+} + Ni(CO)_4$$

如果四价镍的络合物是稳定的，合成的四羰基镍络合物不会超过 50%。在络合物不稳定的情况下，它会重新分裂成二价的镍的化合物，该硫化物重新形成不成比例的新的四羰基镍络合物，这种情况下，四羰基镍络合物的合成率可以达到100%。通过镍价的不相称理论，进行四羰基镍络合物合成反应的过程，进一步证明利用金属镍盐合成四羰基镍络合物时，镍被还原的重要性。

在连二酸钠过剩的情况下，利用镍盐在弱氨的溶液中加入定量的 CO，当溶液处在室温的条件下，只要几个小时就会有四羰基镍络合物产生。

$$NiSO_4 + Na_2S_2O_4 + 4NH_4OH + 4CO \longrightarrow Ni(CO)_4 + 2(NH)_2SO_3 + Na_2SO_4 + 2HO_2$$

从该四羰基镍络合物合成反应中的第一个阶段，合成镍四价的中间络合物中及在以后的反应中该化合物并没有消失，同时更为有利的是零价镍的形成，为四羰基镍络合物的合成反应提供了条件。

$$2Ni^{2+} \longrightarrow Ni^{4+}(络合物) + Ni^0(四羰基镍络合物)$$

很显然，如果生成稳定的络合物时，四羰基镍络合物的合成率不超过 50%；如果生成不稳定的络合物时，不稳定的络合物非常容易吸收 CO，四羰基镍络合物的合成率会达到 100%。相反，如果溶液中没有四价的镍的络合物作为先决条件时，则四羰基镍络合物合成反应不会发生，四羰基镍络合物产物为零。例如：镍的乙硫醇氮萘与二乙基连二硫酸的异尿素，在碱液中不能够转化为四价镍的络合物时，通入 CO 进行处理时，同样不能够产生四羰基镍络合物；如果是丁二酮肟镍在强碱性溶液里，可以形成四价镍的络合物，丁二酮肟镍溶液通入 CO 50h后，四羰基镍络合物的合成率能够达到 76%。

2.2.2.4 弱酸氨溶液中进行羰基镍络合物合成反应

在有过剩的漂白粉镍盐的弱酸氨溶液里，利用 CO 处理 72h 后，四羰基镍络合物的合成率达到 60%。众所周知漂白粉是还原剂，而连二硫酸钠是更强的还原剂，它可以将镍盐中的镍离子从二价还原到一价，一价的镍离子在连二硫酸浓度高以及氨浓度低时，更有相当部分的镍离子被还原成金属。如果在镍盐的碱或者氨溶液里，加入强还原剂甲酰胺-亚硫酸时，则吸收 CO 的速度快得惊人。但是，苯亚硫酸的氨溶液不具有还原性，所以无论怎样用 CO 进行处理，镍盐都不会形成四羰基镍络合物合成反应。

2.2.2.5 镍盐类在一些试剂中进行羰基镍络合物合成反应

在有镍盐类存在的情况下，CO 容易与 MgBr 试剂进行反应，镍起到传播 CO 的作用，反应的中间产生四羰基镍络合物。

$$NiCl_2 + 2RMgBr \longrightarrow Ni + 2MgBrCl + RR$$

$$Ni + 4CO \longrightarrow Ni(CO)_4$$

$$Ni(CO)_4 + 2RMgBr \longrightarrow Ni + 4RCOMgBr$$

在任何时刻，由于 MgBr 试剂的水解作用使其反应的基本过程停止，从化合物中获得平衡的四羰基镍络合物产物。

利用 CO 来处理羰基物的混合物时，也可以获得四羰基镍络合物产物：

$$[Ni(NH_3)][HFe(CO)_2]_2 + 4CO \longrightarrow [Ni(CO)_4][HFe(CO)_4]_2 + 6NH_3$$

$$[Ni(CO)_4][HFe(CO)_4]_2 \longrightarrow Ni(CO)_4 + H_2Fe(CO)_4 + 1/3[Fe(CO)_4]_3$$

当 CO 通入氯化镍、硫酸镍、草酸镍的碱性水溶液时，在甲醛水溶液中同样获得四羰基镍络合物；如果氯化镍、溴化镍在高挥发的石油醚中加入金属钠，同时加热到 90℃，也可以获得四羰基镍络合物产物。利用 CO 与氢气的混合气体，在处理镍盐时，由于氢气的还原作用，可以合成四羰基镍络合物。

以上叙述的是小量获得羰基镍络合物的方法，这些方法获得的羰基镍络合物只能够供应研究。为了满足工业上大量需求，具有现代化的羰基法精炼镍工厂已经在 20 世纪初建立起来，具有代表性的工艺流程是：常压法、中压法及高压法。工业化羰基法精炼的工艺将在第 4 章详细叙述。

2.3 四羰基镍络合物的性质[2]

四羰基镍络合物是一种无色、透明的液体，它是具有易燃、易爆、剧毒的羰基金属络合物。低浓度的四羰基镍络合物蒸汽带有土腥味，高浓度时有令人恶心的腥臭味，短时间大量吸入后可发生急性中毒，其毒性要比 CO 大 8~10 倍。

2.3.1 四羰基镍络合物的物理性能

2.3.1.1 常规的物理性质

在室温、常压下四羰基镍络合物是透明的、无色易流动的液体，不溶于水（有资料报道，四羰基镍络合物在水中的溶解度极小），但溶于苯与某些有机物。

在常压下，液体 $Ni(CO)_4$ 的沸点为 43.2℃，在 -25℃ 凝固，临界温度为 191~195℃，等张比容为 255.3，临界压力为 3.04MPa，临界密度为 0.46kg/m³。

在 -55±5℃ 下，固体四羰基镍络合物晶格中，具有 8 个分子晶胞的晶体结构。

$$a = 10.84 \pm 0.02 Å ❶$$

四羰基镍络合物为抗磁性的物质，磁导率为 0.481×10^6 mH/m，分子磁导率为 82×10^{-6} mH/m。如果对水为 1 时，则它的磁转变为 4.2441。

2.3.1.2 四羰基镍络合物的表面张力、蒸气密度和等张比容

在不同温度下，四羰基镍络合物的表面张力、气态四羰基镍络合物的蒸气密

---

❶ 1Å = 0.1nm。

度和等张比容见表2-1。

表2-1   四羰基镍络合物的表面张力、蒸气密度和等张比容

性　质	温度/℃				
	−23	+8	+14	+20	+43
表面张力	18.46	17.215	16.55	15.88	11.7	
四羰基镍络合物蒸气密度		0.00175	0.00238	0.00299		
等张比容	256	258.75	260.40	260.65		250.8

在50℃时四羰基镍络合物蒸气的密度按 Меиер 的方法确定为 6.01。

2.3.1.3   液态四羰基镍络合物的密度、比容和电解常数

液态四羰基镍络合物的密度列入表2-2中。

表2-2   液态四羰基镍络合物的密度

温度 t/℃	密度	温度 t/℃	密度
−55	1.78	17	1.3185
−23	1.385	20	1.31032
0	1.36153	25	1.29832
+8	1.34545	30	1.28644
+18	1.32446	36	1.27132

液态四羰基镍络合物的比容：

$$V_t = 0.73305 + 0.0016228t + 0.000006t^2 + 0.000000005t^3$$

根据资料报道得知：液体四羰基镍络合物的表面张力是随温度的变化而改变，缔合因素为0.88，由此得出液态四羰基镍络合物分子不是聚集的，液体四羰基镍络合物的电解常数为2.2。从不存在缔合与低的电解常数都明确地指出：四羰基镍络合物有极微小的电离离。根据 Миттащ 的资料，在−20℃时纯四羰基镍络合物的电导率为 $1×10^{-9}$（$\Omega \cdot cm$）$^{-1}$。据 Апга 测定为 $2×10^{-8}$（$\Omega \cdot cm$）$^{-1}$，在−20℃电导率提高百分之几。水介质中可以使四羰基镍络合物的电导率提高 20% 左右。在苯溶液中，利用冰点降低的方法来确定四羰基镍络合物的分子量，更进一步证明了四羰基镍络合物的分子式为 $Ni(CO)_4$。

2.3.1.4   四羰基镍络合物在不同温度下的饱和蒸气压

四羰基镍络合物在不同温度下的饱和蒸气压，已经被很多的研究者确定了。建议使用下面的方程进行计算（每位作者计算结果相差不多）：

$$\lg p = 7.690 - \frac{1519}{T} \ (\text{Андерсон})$$

$$\lg p = 7.3550 - \frac{1415}{T} \ (\text{Дьюар и Джонс})$$

$$\lg p = 7.281 - \frac{1392}{T} \ (\text{Монд и Назини})$$

$$\lg p = 7.281 - \frac{1555}{T} \ (\text{Митташ})$$

$$\lg p = 7.8253 - \frac{1560}{T} \ (\text{Б. Б. Кудрявцев})$$

2.3.1.5 气体在液态四羰基镍络合物中的溶解度

气体在液态四羰基镍络合物中的溶解度见表 2-3。在压力作用下，CO 在液态 $Ni(CO)_4$ 中的溶解度列入表 2-3 中。

表 2-3 CO 在液态 $Ni(CO)_4$ 中的溶解度

压力/MPa	溶解/L·L⁻¹	压力/MPa	溶解度/L·L⁻¹	压力/MPa	溶解度/L·L⁻¹
在 8℃时					
20.5	75.0	17.0	52.5	7.0	24.3
20.0	62.7	15.6	50.8	5.0	20.4
18.9	61.6	13.0	42.8	2.5	14.4
18.2	58.3	9.5	33.0		
在 20℃时					
31.0	132	16.8	67	9.0	42
30.8	124	16.0	68	8.5	38
30.5	120	15.7	64	8.2	40
28.0	120	15.3	66	7.0	33
27.0	118	15.1	64	6.0	32
25.5	106	15.1	63	5.9	25
24.0	104	13.0	59	5.4	25
23.5	104	12.5	52	4.5	22
22.5	98	10.8	44	3.6	21
20.4	83	10.1	45	3.0	16.3
18.5	78	10.0	43	2.5	15
18.2	76	9.8	45	2.1	12.3
18.0	76	9.5	40	1.5	9.7
17.2	75	9.5	40	1.1	9.5

在压力作用下，CO_2在液态四羰基镍络合物中的溶解度列入表 2-4 中。

表 2-4　在压力作用下 CO_2 在液态四羰基镍络合物中的溶解度

压力/MPa	溶解度/L·L⁻¹	压力/MPa	溶解度/L·L⁻¹	压力/MPa	溶解度/L·L⁻¹
在 7.5℃时					
4.3	206.9	2.7	157.6	1.9	87.3
3.3	179.9	2.6	150.5	1.8	83.7
3.1	170.2	2.5	150.3	1.6	75.2
3.1	174.8	2.0	89.0	1.5	70.1
3.0	174.1	1.9	86.3	1.0	43.1
在 17℃时					
4.1	169	2.2	87	1.55	59
4.0	174	2.175	88	1.4	53
4.0	179	2.175	85	1.0	35
3.8	160	2.15	84.5	1.0	37
2.85	119	2.15	89	0.8	26
2.3	97	2.1	81	0.75	25
2.3	90	1.6	57	0.75	26
				0.5	14

在压力作用下氢气在液态四羰基镍络合物中的溶解度列入表 2-5 中。

表 2-5　在压力作用下氢气在液态四羰基镍络合物中的溶解度

压力/MPa	溶解度/L·L⁻¹	压力/MPa	溶解度/L·L⁻¹	压力/MPa	溶解度/L·L⁻¹
在 6.5℃时					
13.5	19.7	10.0	14.8	5.0	7.3
13.5	20.7	8.0	9.9	4.0	6.9
12.5	19.7	7.0	9.1	3.0	4.4
11.4	15.2	6.0	8.7	2.0	3.5
在 19℃时					
7.5	11.3	4.3	6.4	1.7	3.1
6.5	9.8	3.4	4.7	1.1	1.2
5.1	7.0	2.5	4.3		

20℃时在压力作用下，氮气在液态四羰基镍络合物中的溶解度列入表 2-6 中。

表 2-6 20℃时在压力作用下氮气在液态四羰基镍络合物中的溶解度

压力/MPa	溶解度/L·L^{-1}	压力/MPa	溶解度/L·L^{-1}
14.5	51.6	5.2	19.5
14.3	51.3	5.0	18.1
14.1	49.0	4.9	19.0
12.5	43.0	4.8	19.7
12.4	45.0	4.7	16.7
11.8	45.7	4.6	16.3
10.8	40.7	4.5	17.4
9.5	33.5	3.0	11.0
8.9	29.2	2.6	11.3
5.4	20.7	2.5	10.5

在压力作用下，CO_2 和 CO 混合物在液态四羰基镍络合物中的溶解度列入表 2-7 中。

表 2-7 在压力作用下 CO_2 和 CO 混合物在液态四羰基镍络合物中的溶解度

压力/MPa	CO_2在气态混合物中的含量（体积）/%	测定的溶解度/L·L^{-1}		
		气态混合物	气体名称	
			CO_2	CO
在 8℃时				
33.5	5.0	175	72	102
31.5	9.0	198.5	137	92
10.1	30.6	168.6	155	24
8.0	29.4	144	115	20
6.0	34.0	117.5	100	14
3.8	34.3	72.6	63	9
2.0	42.5	46.3	40	4
在 18℃时				
15.3	27.5	216	182	26
13.4	24.6	169	144	24
10.8	28.3	150	127	19
5.4	61.1	141	139	7

在 17.5℃时，在压力作用下，CO_2 和 H_2 在液态四羰基镍络合物中的溶解度列入表 2-8 中。

表 2-8 17.5℃时在压力作用下 CO_2 和 H_2 在液态四羰基镍络合物中的溶解度

压力/MPa	CO_2在气态混合物中的含量（体积）/%	测定的溶解度/L·L⁻¹		
		气态混合物	气体名称	
			CO_2	H_2
9.7	35.5	183.7	174	9
8.5	36.5	163.0	152	8
7.7	30.4	156.4	151	9
7.0	42.4	157.5	133	7
3.3	70.6	118	107	2

在 19.5℃时，在压力作用下，N_2 和 CO_2 混合物在液态四羰基镍络合物中的溶解度列入表 2-9 中。

表 2-9 19.5℃时在压力作用下 N_2 和 CO_2 混合物在液态四羰基镍络合物中的溶解度

压力/MPa	CO_2在混合气体中的含量（体积）/%	测定的溶解度/L·L⁻¹		
		气态混合物	气体名称	
			CO_2	N_2
10.5	45.4	190.8	181	23
9.5	48.6	162.3	154	20
7.8	48.0	150.8	132	15
6.8	54.2	138.0	125	13
4.8	65.6	114.3	110	7
3.6	76.1	100	96	4

在 6℃时，H_2、CO、CO_2 混合物在四羰基镍络合物液体中的溶解度列入表 2-10 中。

表 2-10 6℃时 H_2、CO、CO_2 混合物在四羰基镍络合物液体中的溶解度

压力/MPa	由分析得出原来气体混合物的成分（体积）/%			测定的溶解度/L·L⁻¹			
	CO_2	CO	H_2	混合气体	气体名称		
					CO_2	CO	H_2
27.5	11.3	63.5	25.2	207	155	59	11
21.0	16.4	50.0	33.6	206	175	36	10
18.0	20.4	48.0	31.6	208	189	29	8
15.2	25.7	36.0	38.3	206	187	19	9
10.9	30.1	32.8	37.1	195	165	12	6
6.2	47.8	37.8	14.4	167	147	9	2
3.1	62.1	21.9	16.0	100	93	3	1

2.3.2 四羰基镍络合物的化学性能

2.3.2.1 四羰基镍络合物的合成热

按盖斯定律算出四羰基镍络合物的合成热为：

$$[Ni] + \frac{1}{2}(O_2) \longrightarrow [NiO] + Q_1$$

$$2(CO) + O_2 \longrightarrow 2CO_2 + Q_2$$

$$[NiO] + 4CO \longleftarrow Ni(CO)_4 + \frac{1}{2}(O_2) - Q_3$$

为了获得四羰基镍络合物的合成热，必须在恒容下按实验预先计算出它的燃烧热。在恒压时，其数值按公式：$Q_P = Q_3 - \Delta NRT = Q_3 - 3.77kJ$，式中 $\Delta N = 1.5mol$，是四羰基镍络合物燃烧时系统减少的克分子数。在恒压下获得的合成热 Q_P 可以计算出恒容下的合成热 Q_V：

$$Q_V = Q_P - 10.05kJ$$

如上所述，液态四羰基镍络合物的燃烧热非常接近于 6657kJ/mol、6820.3kJ/mol 和 6648.6kJ/mol，但是，作者在以后的计算中利用了 Q_1 和 Q_2 这两个不同的值，在 Рейхераи、Лукасаи、Депке 的工作中没有考虑到金属镍在量热器的高压贮罐中的燃烧是不完全的。四羰基镍络合物的合成热已经汇集在下表中，此数值是经过修正后才引入的。

由金属和 CO 合成四羰基镍络合物的合成热（kJ/mol）列入表 2-11 中。

表 2-11 由金属和 CO 合成四羰基镍络合物的合成热 （kJ/mol）

液态四羰基镍络合物		气态四羰基镍络合物	确定的方法	作 者
在恒容下	在恒压下			
180.9	190.9	161.6	燃烧热	Рейхер. Люкас
188±4.18	193~198	163.7~165.79	燃烧热	Смгина и Ормо-нт
	204.15	174.8	形成热	Митташ
		135.7	平衡	Митташ
		134.0	平衡	Томлинсон
		144.4	平衡	Валлис и Бейн-он
		152.0	计算	СайксиТаун-шенд
		163.7	燃烧	фишер, Коттон и Вилкинсон

对于 Ni→NiO、CO→CO₂ 以及四羰基镍络合物的蒸发热可由无机化学手册中查出，由 A. Митташ 以及 Валлис 和 Бейнон 直接试验及 Томлинсон、Лаллис 和 Бей-нон 以及 A. Митташ 通过计算获得，再经某些修正后才确定四羰基镍络合物

的合成热。

2.3.2.2 四羰基镍络合物的蒸发热

四羰基镍络合物的蒸发热列入表 2-12 中。

表 2-12 四羰基镍络合物的蒸发热

蒸发热/kJ · mol^{-1}	确定方法	作　者
28.97~29.1	蒸气压	Анлерсон
27.2	蒸气压	Льюар и Лжонс
29.3	蒸气压	Келли
27.3	蒸气压	Миташ
29.1	蒸气压	Хибер и Вернер
30.14	蒸气压	Сугинума и Сотолаки
28.05	蒸气压	Валлис и бейнон
26.38	蒸气压	Валлис и бейнон
29.31	直接确定	

四羰基镍络合物的挥发热等于 39.98kJ/mol。

2.3.2.3 四羰基镍络合物的标准熵

四羰基镍络合物的标准熵为 399.4kJ/mol · K^{-1} 或 406.1kJ/mol · K^{-1}，蒸发熵 $\Delta S = 92.95$kJ/mol · K^{-1}，合成四羰基镍络合物的反应熵是 $\Delta S_{298} = -368.02$kJ/mol · K^{-1}。

2.3.2.4 四羰基镍络合物的热容

由 Спаис 测量的四羰基镍络合物的热容值及由 Xoppy 提出的热容值列入表 2-13 中。

表 2-13 四羰基镍络合物热容 C_P 　　　　　　(J/mol)

温度/°K	C_P	温度/°K	C_P	温度/°K	C_P	温度/°K	C_P
90	91.27	145	125.40	200	149.09	液　态	
95	94.79	150	128.28	205	150.39	255	201.1
100	98.1	155	131.05	210	151.6	260	201.24
105	101.28	160	133.6	215	152.78	265	201.59
110	104.34	165	136.11	220	153.82	270	201.93
115	107.22	170	138.16	225	154.91	275	202.3
120	110.20	175	140.26	230	155.96	280	202.72
125	113.17	180	142.14	235	156.84	285	203.23
130	116.27	195	144.4	240	157.67	290	203.77
135	119.74	190	145.7	245	158.34	295	204.32
140	122.46	195	147.42	250	158.8	300	204.9

列入表中的四羰基镍络合物热容和以前测量的是一致的。对于气态四羰基镍络合物：$C_P = 36.00 + 10.4 \times 10^{-3} T - 3.83 \times 10^5 T^{-2}$（273－500），羰基物蒸发自由能 $\Delta F_{298} = 586.15 \text{kJ/mol}$。

四羰基镍络合物热容和熵值与温度的关系列入表2-14中。

表 2-14　四羰基镍络合物热容和熵值与温度的关系

温度/°K	热容 $C_P/\text{J} \cdot \text{mol}^{-1}$	熵 $\Delta S/\text{kJ} \cdot (\text{mol} \cdot \text{K})^{-1}$
298.1	137.33	406.12
316.1	140.26	414.91
350	144.44	429.98
400	149.89	450.92
450	154.07	470.18

四羰基镍络合物蒸发熵为 $\Delta S_{315} = 92.86 \text{kJ/mol} \cdot \text{K}$；四羰基镍络合物的合成熵 $\Delta S_{298} = 399.42 \text{kJ/mol} \cdot \text{K}$；四羰基镍络合物的熔化热为 $13.84 \text{kJ/mol} \cdot \text{K}$。

2.3.2.5　四羰基镍络合物与酸碱的作用

稀释的酸、强碱，以及浓盐酸对液态四羰基镍络合物不起作用。浓硝酸及王水能强烈地分解它。$Ni(CO)_4$ 能和硫酸缓慢起作用，生成硫酸镍。在室温下 $Ni(CO)_4$ 在强碱溶液中逐渐析出胶状镍，除某些罕有的无机盐外，在四羰基镍络合物的液体中是不溶的。例如，不溶解在四羰基镍络合物液体中的有：氯化钠、氯化锂、氯化银、氯化铁、氯化铬、氯化锑和四氯化铂、碘化钾、碘化氨、氰化汞、氰化银、硫氰化铵、苏打、硼、磷酸钠、硫酸钾、硫酸镍、硫酸铁、硫化钡、硝酸钾、硝酸银、硝酸硒、红磷以及水和无水草酸、草酸铵、甲酸钠、醋酸铅、戊基硫酸铜、吡啶硝酸盐等。

2.4　四羰基镍络合物的危害性

2.4.1　四羰基镍络合物的易燃易爆特性

2.4.1.1　四羰基镍络合物的易燃特性

在氧化气氛下，四羰基镍络合物液体，受到强烈地撞击、振动时会立刻燃烧。四羰基镍络合物燃烧时，瞬间产生大量的纳米级金属颗粒，由于纳米级颗粒的迅速氧化，使得四羰基镍络合物燃烧更加迅速和猛烈。所以，四羰基镍络合物一定要贮存在有惰性气体保护的密封容器里，移动时一定要轻拿轻放。

2.4.1.2　四羰基镍络合物蒸气的易爆特性

四羰基镍络合物蒸气与空气混合达到临界值时，才能够发生爆炸。低于这个压力，没有发现四羰基镍络合物的氧化。表 2-15 中列出四羰基镍络合物蒸气与氧及空气混合时发生爆炸的比值。

20℃下，Ni(CO)$_4$+O 发生爆炸的混合物（感应周期为 1000s）的数据列入表 2-15 中。

表 2-15　20℃下 Ni(CO)$_4$+O 发生爆炸的混合物（感应周期为 1000s）的数据

四羰基镍络合物摩尔浓度	压力/kPa	四羰基镍络合物分压/kPa
四羰基镍络合物在氧气中的摩尔浓度：28.5		
10	15.33	1.60
30	15.33	4.67
40	19.99	8.0
四羰基镍络合物在空气中的摩尔浓度：7.8		
10	19.33	2.0
20	23.99	4.27
40	37.33	14.93

四羰基镍络合物的蒸气与氧气或者丁烷气体混合时，在 20℃时就可以发生爆炸，爆炸的感应周期没有测定的数据。在四羰基镍络合物蒸气少量存在的情况下，为了使其爆炸，必须使得化合物加热到 40℃以上。收集爆炸的产物中发现：有微量的链烯烃与石蜡，大量的一氧化碳气体与氢气，证明碳氢化合物参加反应。

四羰基镍络合物蒸气的分压在低于 2kPa 与空气混合时，不会发生爆炸。将四羰基镍络合物蒸气在氧气中燃烧的最低压力值列入表 2-16 中。

表 2-16　四羰基镍络合物蒸气在氧气中燃烧的最低压力值

温度/℃	60	50	40
四羰基镍络合物蒸气压/kPa	6.0	10.67	13.33

四羰基镍络合物蒸气在 40℃时，与 O、C$_4$H$_{10}$ 混合气体的爆炸产物列入表 2-17 中。

表 2-17　四羰基镍络合物蒸气在 40℃时与 O、C$_4$H$_{10}$ 混合气体的爆炸产物

分压/kPa							最终压力/kPa
原　始				最　终			
Ni(CO)$_4$	C$_4$H$_{10}$	O	CO$_2$	CO	H	O	
3.33	0	23.33	11.47	0.27	0	16.27	28.0
3.33	1.33	21.99	17.47	0.27	0.27	5.47	23.46

分压/kPa							最终压力 /kPa
原　始				最　终			
Ni(CO)$_4$	C$_4$H$_{10}$	O	CO$_2$	CO	H	O	
3.33	2.40	20.93	19.60	2.27	1.20	1.20	14.93
3.33	3.33	20.0	13.73	10.80	6.0	1.33	31.86
3.33	4.67	18.66	8.27	21.06	13.60	0.93	43.86
3.33	6.0	17.33	3.47	29.73	23.06	1.20	57.46

2.4.2　四羰基镍络合物的毒性

四羰基镍络合物是剧毒的化合物，长时间吸入含有低浓度羰基镍的空气时，人的嗅觉就会钝化。人体主要经呼吸道染毒，也可经皮肤吸收。

2.4.2.1　对机体的一般作用特征

四羰基镍络合物刺激呼吸道，同时具有颇为强烈的全身性致毒作用，特别是对神经系统（因为四羰基镍络合物是催化性毒物）及对中间代谢的致毒作用。四羰基镍络合物蒸气由呼吸系统吸入后，经过肺部可以分解为 CO 和许多极细的 Ni 粉。CO 破坏血液内的红血球，而 Ni 在血液中形成具有局部作用的胶体溶液，随着血液流布在各个内脏器官，产生全身性致毒效应。

2.4.2.2　人体的中毒情况与致毒浓度

四羰基镍络合物在临床上可对人体带来急性和慢性中毒的危害。当浓度为 0.0035mg/L 时，人体就能感觉到四羰基镍络合物的嗅味。在吸入低浓度四羰基镍络合物蒸气后，通常除呼吸道受到刺激外，还会产生头晕、头疼等症状。在较严重的病例中则会产生胸部紧张、恶心、有时呕吐、倦怠、发汗、呼吸困难等中毒症状，并伴有虚脱的现象。

当吸入高浓度四羰基镍络合物后，头的前额部分呈现长时间的剧烈疼痛。一般认为是由于体内吸收的镍化合物所致。若同时吸入四羰基镍络合物和 CO 的混合物时，人立刻失去知觉。在进入中毒第二阶段时，发生喘息，左右肋部感觉压力，抚摸时感觉疼痛，并产生干咳、呼吸困难、失神、昏睡等症状。在较重症状时，心脏的衰弱增强，能出现抽搐痉挛，并产生肺水肿及特有的肺炎，如不经医治，在 10~14 天内，患者在类似于窒息性毒气的作用所引起的情况下死亡。

2.5　空气中四羰基镍络合物的检测方法[3~6]

羰基镍和羰基铁在空气中浓度的检测方法已经开发出多种。羰基镍分析警报仪已经商品化，检测灵敏度非常高，已经达到 ppb● 级；仪器也微型化，有固定式和手提式，操作简单。

2.5.1　比色检测法

利用在乙酸中的氯化碘来吸收羰基镍络合物，同时利用比色进行对比。其灵敏度为：羰基镍为 0.006ppm❷，羰基铁为 0.01~0.03ppm。

2.5.2　原子吸收光谱法

原子吸收光谱法，它是一种快速的分析方法。其灵敏度为：羰基镍为 0.002ppm；羰基铁为 0.01ppm。

2.5.3　荧光法

在 20 世纪 70 年代，国际镍公司与密执安大学联合研制羰基镍分析仪，是利用将羰基镍浓缩到发光强度生成的荧光现象，发光是在羰基镍与臭氧及一氧化碳混合时产生的。在一定条件下羰基镍与臭氧发生反应时，会产生发光现象。当采用臭氧与待测的羰基镍气体混合并产生化学反应时，发光强度与羰基镍气体浓度成正比。通过光电检测系统及一系列处理系统，就可以获得羰基镍气体在空气中的浓度显示值。分析仪的灵敏度为 1~2ppb 范围，警报信号在 4ppb 时发出。钢铁研究总院于 1996 年，研制出羰基镍生产车间现场的检测及报警，也适用大气环境检测，检测的浓度极限为 0.0037mg/m^3（0.5ppb），响应时间为 2min。

参 考 文 献

[1] Бёлозерский Н А. Карбонилй Металлов. Научно тёхничесое издательство литературы по черной и цветои металлургии. Москва. 1958：177~178.

[2] Бёлозерский Н А. Карбонилй Металлов. Научно тёхничесое издательство литературы по черной и цветои металлургии. Москва. 1958：191~212.

[3] Stedman D H. Chemiluminescence detector for the measurement of nickel carbonyl in air [J]. Analytical Chemistry, 1979, 17 (14)：2340~2350.

[4] Densham A B, Beale P A A. Determination of Nickel and Iron Carbonyl in Town Gas [J]. J. appl., 1963：576~580.

[5] Extractive Metallurgy of Nickel and Cobalt. 王永慧译. 1988：373~390.

[6] 常逢宁，等. 羰基镍分析报警仪 [J]. 光谱实验室，1997，14 (1)：12~18.

---

❶　1ppb = 10^{-9}。

❷　1ppm = 10^{-6}。

3 四羰基镍络合物的合成反应机制

3.1 四羰基镍络合物的合成反应机制的研究[1~3]

3.1.1 一氧化碳气体在金属镍表面上吸附过程的解析

一氧化碳气体在金属镍表面上的吸附过程，已经研究的非常详尽了。按着 A·H·теренйн 的研究结果：吸附在活泼金属镍表面上的 CO 气体，在波长为 220~300nm 的紫外光照射下，CO 气体会在金属镍的表面上进行解吸附，而当被金属镍表面吸附的活性态的一氧化碳分子与金属镍表面活性中心接触后，就转变为羰基镍络合物分子团。此时，该金属镍络合物只能够吸收 280nm 左右的光波长度，由此判断：该化合物恰恰是四羰基镍络合物。

当活化金属镍与具有一定活性的 CO 气体，直接合成四羰基镍络合物的时候，活性的 CO 开始在金属镍的固体表面上进行吸附，活性的 CO 分子的物理吸附伴随着不大的热效应。在金属镍表面上，被吸附的具有活性的 CO 可以解吸附，CO 气体离开镍的表面并不困难。进而对于活性的 CO 分子，在金属镍的固体表面上进行活化吸附，活化吸附的特征是完全具有化学作用的全部特点。也就是存在较大的活化能，大的热效应（按着 Сомодзак 的确定：CO 在镍表面上的活化能达 112.36kJ/mol），CO 气体解吸附非常困难。化学吸附的速度是随温度的提高而增加，被吸附的活性 CO 分子内部键发生变形的同时，产生了羰基镍络合物，形成的羰基络合物是以范德华引力附在金属镍的表面。

因此，在金属表面上首先产生由 CO 分子所形成的吸附层（物理吸附过程），然后，在这个吸附层中，大量的羰基化合物的分子就呈现了（活化吸附）。活化吸附在物体上进行得非常慢，因此，镍表面上所有的吸附层是逐渐地被羰基化合物分子所充满。这个过程的形成描述如下：

$$[Me] + n(CO) \longrightarrow [Me](CO^*)_n$$
$$[Me](CO^*)_n \longrightarrow Me(CO)_n \text{ 吸附}$$

式中　CO^*——一氧化碳活化分子；

$[Me](CO)$——一氧化碳的吸附分子。

3.1.2 羰基镍络合物在镍表面上的脱附是合成反应的控制步骤

当金属镍的表面被吸附的羰基镍络合物全部充满时，此时即使是最活跃的一氧化碳分子，想通过羰基镍络合物分子的吸附层到达金属表面无疑是非常困难的。当一氧化碳分子进入金属镍表面的通道完全被阻止时，羰基镍络合物的形成也被停止了。通过改变反应釜内部温度、CO 压力、含镍原料运动及不停地从反应釜移除羰基镍络合物产物等操作，加速羰基镍络合物从镍表面脱附速度，就不断地会有新的镍表面暴露出来。此时，CO 气体到达镍暴露的表面，新的一轮羰基镍络合物形成又开始了。周而复始该过程，羰基镍络合物的合成反应就会进行下去，直至原料中镍耗尽为止。

3.2　羰基镍络合物合成反应过程的几个独立阶段的描述

3.2.1　物理吸附阶段

当含有活性镍的固体表面与活性的 CO 气体接触时，则活性的 CO 气体在镍的表面上进行物理吸附（包括内表面缺陷及空隙）。

$$[Ni^*] + 4[CO]^* \rightleftharpoons [Ni] \cdot 4[CO]^* \ 吸附$$

CO 气体在活性镍表面的物理吸附伴随着不大的热效应，吸附的气体可以解吸附。

3.2.2　活化吸附阶段

具有活化能吸附的过程是化学作用的特征，该过程具有大的热效应，解吸附很困难。按着 Сотодзаки 的计算：CO 在活性镍表面上的吸附热可达到 111.52kJ/mol。

3.2.3　化学吸附阶段

化学吸附的速度随着温度的提高而加速，CO 分子在活性镍表面进行化学吸附过程中，首先是 CO 分子内部发生键的变形，而后是化学吸附与化学反应一起进行，产生羰基镍络合物吸附在镍表面上。

$$[Ni] + 4[CO]^* \rightleftharpoons [Ni] \cdot 4[CO]^* \ 吸附 \rightleftharpoons Ni(CO)_4 \ 吸附$$

3.2.4　羰基镍络合物从镍表面上脱附

羰基镍络合物的分子在镍固体表面上形成内聚力较弱的吸附层。当羰基镍络合物分子吸附层增加足够厚时，反应容器内处在较高的温度，羰基镍络合物吸附的分子机械运动增加，聚集在镍表面吸附层上的羰基镍络合物分子，在相互斥力及热运动同时作用下，则维持在金属表面上的羰基镍络合物分子的范德华内聚力与分子机械运动力打破平衡时，瞬间有羰基镍络合物分子进入气相（蒸发或者分解）。

$$Ni(CO)_4 吸附 \Longleftrightarrow Ni(CO)_4 气$$

这时羰基镍络合物吸附的分子脱离吸附层过渡到气相中，进入反应釜空间的羰基镍络合物经过分离收集贮存。

在提高系统温度及增加压力的情况下，从吸附层进入气相的羰基镍络合物分子增加。温度的影响是由于提高了羰基镍络合物分子，在吸附层中动力学作用的缘故；系统压力的提高会造成气相中羰基镍络合物蒸气分压的增加。

另外，羰基镍络合物分子从吸附层加速进入气相后，露出了金属镍的新鲜表面，为 CO 分子继续在镍的表面进行吸附及合成反应的继续发展创造了条件。

3.2.5 羰基镍络合物气体从颗粒内部向外扩散速度控制合成反应速度

现在加压合成羰基镍络合物的原料可以是含有镍的合金（铜-镍合金）颗粒，这样 CO 分子可以通过分布颗粒内部硫化镍网络的通道，进入铜-镍合金颗粒内部。CO 分子与原料表面镍及原料内部镍进行合成反应，生成羰基镍络合物。在金属镍外表面的气相中，羰基镍络合物气体与 CO 浓度等于反应釜中气相的总浓度。经过一段时间后，CO 分子渗透到合金内部进行羰基镍络合物合成反应，当在颗粒内部的羰基镍络合物浓度接近 100% 时，在原料内部的 CO 气体浓度实际上减低接近为零。实验证明：羰基镍络合物合成速度大于 CO 向颗粒内部扩散速度，生成的羰基镍络合物沿着原来 CO 进入的孔隙，向外扩散进入气相。实际上，羰基镍络合物向外扩散的速度控制了羰基镍络合物的合成速度。

另外，羰基镍分子从吸附层进入气相后，露出了镍的新鲜表面，为 CO 分子继续在镍的表面进行吸附及合成反应的发展创造了条件。

经过冷凝的羰基镍液体，在 CO、N_2、CO_2 等混合气体的压力下保存，这些气体在羰基镍液体中的溶解度与它们的分压有关。当系统的压力迅速降低时，溶解在液体中的气体会逸出，使得羰基镍液体似沸腾状态，逸出的气体会带出雾滴，这些雾滴似雾一样散布在系统中。

3.3 影响羰基镍络合物合成速度的几个主要因素[4]

3.3.1 羰基镍络合物合成的含镍原料

羰基镍络合物的合成是利用原料中的镍与一氧化碳气体进行合成反应。所以，原料的成分、镍纯度、活性等直接影响羰基镍络合物的合成反应速度。目前，羰基法精炼镍工艺中使用的含镍原料主要有：经过磨浮分离的铜镍合金，在沸腾炉焙烧后获得颗粒状氧化物（Ni：52%，Cu：20.6%，Fe：< 2%，S：<1%）。通过 60 目（0.25mm）筛粉末；经过水雾化获得具有一定硫含量的高活性 Cu-Ni 合金（Ni：65% ~ 70%，Cu：15%，Fe：1%，S：4% ~ 5%），铜镍合

金的颗粒粒度<10mm；还有电解镍粉末及还原镍粉末等。无论是哪一种含镍原料，都应该具有以下的基本特性：

（1）原料中金属镍的活性。经过还原处理的含镍原料，裸露出新鲜镍的表面。既新鲜又纯洁的镍表面具有高度活性，能够强烈地吸附一氧化碳气体，为羰基镍络合物合成的第一步物理吸附创造条件。

（2）活性金属镍具有高度发达的表面积。活性金属镍的比表面积越大，则暴露在表面上活性镍原子就越多；同时单位面积表面的活性镍吸附一氧化碳气体的数量越多。一氧化碳气体在镍表面上的物理吸附数量的增加，可以加速羰基镍络合物合成速度。

（3）含镍原料应该具有高度的分散度。在常压羰基法精炼镍的工艺中，经过焙烧的铜镍合金原料粒度，一般控制在 60 目（0.25mm）。原料不但要求粒度小，分散度高，而且流动性及透气性好。这样，非常有利于一氧化碳气体渗透到每一个粉末颗粒四周。

（4）铜镍合金原料中含有一定的硫。实验已经证明：硫和硫化物是加速羰基镍络合物合成反应的催化剂；同时也是一氧化碳气体进入铜镍合金内部，羰基镍气体向铜镍合金外逸出的通道。在铜镍合金中具有一定的硫含量，能够加速羰基镍络合物合成反应。一致认为铜镍合金中铜硫比为 4：1，其活性最佳。

（5）蒙德常压羰基法中原料焙烧制度。蒙德常压羰基法中，利用含有高硫的镍冰铜粉末原料，经过焙烧脱硫获得海绵状氧化镍。控制焙烧温度在 700℃ 左右，才能够得到高空隙度海绵镍，提高原料活性。

3.3.2 一氧化碳气体

（1）一氧化碳气体成分。一氧化碳气体的制造方法很多，用于羰基法精炼镍工艺中一氧化碳气体大多数采用焦炭法生产。该法不但具有成本低、产量大的特点，而且气体中含有硫化物催化羰基镍络合物合成反应速度。一氧化碳气体中必须严格地控制氧气和二氧化碳气体含量。一氧化碳气体的技术指标列在表3-1中。

表 3-1 一氧化碳气体的技术指标

化学成分/%		
CO	O_2	CO_2
>92	<1	<1

（2）一氧化碳气体加热。参加合成反应的一氧化碳需要预先加热，加热温度为 50~60℃，然后按着设定的流量输入到反应釜中。

3.3.3 合成反应容釜内参数控制

3.3.3.1 反应釜器内部系统温度

羰基镍络合物的合成速度随着温度升高而提高，CO 在金属镍的表面上进行的物理吸附和化学吸附速度，随着温度的升高而增高。但是，当温度达到 225~250℃时，羰基镍合成速度就开始重新转折，羰基镍络合物合成速度就开始急剧下滑。此时，由于反应釜内处在高温条件下，生成的羰基镍络合物开始进行分解反应（$Ni(CO)_4 \rightarrow Ni+4CO$），从而产生新生态超细的金属镍粉末。CO 气体在新生态超细金属镍的催化作用下，使得大量的 CO 气体瞬间被强烈地破坏，CO 气体迅速地分解成 CO_2 和炭黑（$2CO \rightarrow CO_2+C$）。炭黑吸附在镍的表面上阻止 CO 的物理吸附作用，致使羰基镍络合物合成速度逐渐缓慢甚至停止。

3.3.3.2 一氧化碳气体循环速度

由于羰基镍合成反应条件及反应容器的不同，有的是蒙德常压法、中压法及高压法；有的是固定反应釜、转动合成釜、隧道窑。另外，还要依据含镍原料、一氧化碳气体质量及催化剂的参加，根据实验室的数据给出循环速度为 3~5 次/小时。

3.3.3.3 CO 的分压的影响

CO 的浓度是由它的分压来决定的，CO 的分压越高则羰基镍络合物合成反应速度越快；另外，提高 CO 的分压还可以增加羰基镍络合物的稳定性，阻止羰基镍络合物的分解反应；提高 CO 的分压会降低系统中羰基镍络合物的浓度，可以促使合成反应向右进行。羰基镍络合物蒸气从反应釜排出经过冷凝系统后变成液体，在产物排出时不应该降低反应釜中的压力，如果反应釜中的压力过于低时，会有大量的羰基镍络合物分解为金属镍和 CO，该分解过程会引起一系列不利于羰基镍络合物合成的反应。

3.3.3.4 一氧化碳气体中羰基镍络合物含量

在反应容器系统中，羰基镍络合物气体含量为 5%~8%（体积分数）。如果在反应容器系统中羰基镍络合物气体含量过高，则羰基镍络合物合成反应速度会降低。

3.3.3.5 羰基镍络合物合成过程中负反应的影响

具有高度分散的粉末状态的金属镍，在室温条件下就能够吸收 CO，形成羰基镍络合物[$Ni+4CO \rightleftharpoons Ni(CO)_4$]。当系统温度>180℃时，形成羰基镍络合物的反应就停止了，随后进行逆反应[$Ni(CO)_4 \rightarrow Ni+4CO$]，刚刚获得羰基镍络合物又被破坏掉；在温度高达270℃时，CO与金属镍发生反应，生成NiO及Ni_3C。研究者发现：在温度达到1000℃，一氧化碳压力在0.01~0.03mmHg❶时，可以形成$Ni(CO)_2$。在反应釜内，当一氧化碳气体压力<0.5~1.0MPa，而温度>200℃时负反应进行得非常激烈。

3.3.4　阻止或加速羰基镍络合物合成反应的添加物

质量作用定律确定了羰基镍络合物合成反应的进行方向。这个多相反应与参加反应物质的活性具有特殊的关系。在金属镍的表面存在氧化层或者气相中存在氧气及易熔金属铅、锌、锡、铋及硅酸盐，它们是羰基镍络合物合成反应的抑制剂。原料中含有这些物质会使得羰基镍络合物反应具有很大的破坏作用，导致合成反应速度下降。但是原料中存在少量的硫、硫化物、甲醇及木精蒸气可以作为催化羰基镍络合物合成过程的添加剂，加速羰基镍络合物的合成反应。原料存在少量的硫，硫化物不仅能够消除金属镍表面的氧化层，而且还阻止CO气体的分解产生CO_2和炭黑。

3.3.5　羰基镍络合物气体的冷凝及缓慢降低压力

经过冷凝的羰基镍络合物液体，在CO、N_2、CO_2等混合气体的压力下保存，这些气体在羰基镍络合物液体中的溶解度与它们的分压有关。当系统的压力迅速降低时，溶解在液体中的气体会逸出，使得羰基镍络合物液体似沸腾状态，逸出的气体会带出雾滴，这些雾滴似雾一样散布在系统的空间。所以，在高压合成羰基镍络合物的工艺流程中，一定要设计三段降压分离器，使得溶解在羰基镍络合物液体中的CO气体，缓慢地逸出，避免气体带走羰基镍络合物而降低收得率。

3.3.6　反应釜内动态物料的相互作用

在反应釜内部固体含镍原料与一氧化碳气体，均处在运动状态情况下，会加速羰基镍络合物的合成反应。反应釜内部原料的动态作用会产生如下的积极效果：气体原料与固体原料充分接触，增加一氧化碳气体在镍表面的吸附机会，为羰基镍络合物分子逸出镍表面进入气相提供动力。

3.3.7　反应釜产物的及时排出

将反应釜内生成的羰基镍络合物及时地从反应釜排出，降低反应釜内部羰基

---

❶　1mmHg=133.322Pa。

镍络合物的分压，可以提高羰基镍络合物合成反应的速度。为了达到此目的，必须加速反应釜内换气速度，增加补充一氧化碳气体循环量。

3.3.8 转动合成釜的转动速度控制

无论是在利用加压转动合成釜，或者利用常压隧道窑进行合成羰基镍络合物时，都需要控制转动速度，但是反应的初期、中期及末期的转动速度不尽相同。但总的原则是初期和末期速度高于中期转动速度。

总之，四羰基镍络合物合成反应的速度，取决于合成反应系统中金属表面的活性、金属表面积的大小、CO 的纯度、CO 压力、反应釜内部温度、参加反应物质的浓度、羰基镍络合物从反应釜内移除速度、加入催化物等。

3.4　羰基镍络合物的合成反应速度的确定[1]

在一定的温度及压力下，活性金属镍与处于活性激发态的 CO 进行合成羰基镍络合物的反应：

$$[Ni^*] + 4CO^* \rightleftharpoons N_i(CO)_4$$

此反应为气-固-液多相反应，系统的体积随着合成反应的进行则急剧减小。羰基镍络合物合成反应的速度，取决于合成反应系统的温度、参加反应物质的浓度、金属表面积的大小、金属表面的活性、CO 活度、CO 的纯度、CO 压力、参加阻化及催化物等。

羰基镍络合物合成反应的速度按照下面的方程式来计算：

$$-\frac{dx}{dt} = -f'o(a-x) + fox^4 = -k'(a-x) + kx^4$$

式中，$\frac{dx}{dt}$ 为单位时间内 CO 气体的浓度变化率；a 为羰基镍络合物的原始浓度；x 为某一瞬间 CO 气体的浓度；f' 为羰基镍络合物分解速度常数；f 为羰基镍络合物合成速度常数；o 为金属镍活性表面积。

$k=fo$、$k'=f'o$，常数 k 和 k' 不仅取决于反应速度及活性表面积的大小，同时也取决于吸附速度及反应产物的脱附速度。

对于羰基镍络合物合成反应处于平衡态时：

$$-\frac{dx}{dt} = 0 = kx^4 - k'(a-x)$$

$$kx^4 = k'(a-x)$$

$$\frac{k'}{k} = h = \frac{x^4}{a-x}$$

由 A. Миттам 在低温进行合成反应试验时，羰基镍络合物的合成反应按二级反应进行（见表 3-2）。对于此时的平衡态，应该具有下面的方程式：

$$-\frac{\mathrm{d}x}{\mathrm{d}t} = kx^4$$

此方程式进行积分得：

$$k = \frac{1}{t} \cdot \frac{a-x}{ax} = \frac{1}{t} \cdot \frac{4p-\zeta}{a(\zeta-\rho)}$$

式中，$4p$ 为 CO 气体的开始压力；ζ 为瞬时间 t 的压力。

为了确定合成反应的级数，可以利用已知的方程式：

$$N = 1 + \frac{\tan\left(\dfrac{t_1}{t_2}\right)}{\tan\left(\dfrac{c_2}{c_1}\right)} \qquad n = \frac{\tan\left(\dfrac{\mathrm{d}p_2}{\mathrm{d}t_1} : \dfrac{\mathrm{d}p_2}{\mathrm{d}t_2}\right)}{\tan(p_1-p_2)}$$

式中，n 为反应级数；t 为时间；c 为浓度；p 为压力。

表 3-2 的数据表明：羰基镍络合物合成反应是按照二级反应进行的。

表 3-2　羰基镍络合物合成反应常数的确定

温度/℃	$4p$ mmHg[①]	a	T/min	O mmHg[①]	X mmHg[①]	K
-2.5	245	61.8	0	245		
			1	225	10.8	197
			2	210	19.0	190
-2.4	245	61.8	3	197	26.0	190
			5	178	36.4	185
			7	162	44.9	190
-2.2	245	61.8	10	147	53.2	185
			15	130	62.5	185
			17	124	66.3	183
-2.3	245	61.8	25	107	75.0	194
			35	96	81.0	197
					平均	190
-3.0	204	51.6	0	204		
			1	189	9.8	
			2.5	174	19.6	185
			3.5	164	26.1	192
			5	155	32.0	187
-3.2	204	51.6	6	147	37.3	187
			7	141	41.2	189
			8	136	44.4	189

温度/℃	4pmmHg①	a	T/min	OmmHg①	XmmHg①	K
-3.1	204	51.6	10	127	50.3	191
			12	120	54.9	192
			15	113	59.5	185
			17	108	62.7	187
-2.9	204	51.6	20	102	66.7	189
			22	99	68.6	188
-2.8	204	51.6	27	92	71.5	191
			32	87	76.4	192
-3.1	204	51.6	42	79	81.7	201
			77	68	88.9	196
					平均 190	

① 1mmHg=133.322Pa。

表 3-3 中列出了羰基镍络合物合成反应级数的确定。

表 3-3　羰基镍络合物合成反应级数的确定

温度/℃	$Ni(CO)_4$浓度	$t_1：t_2$	$P_2：P_1$	n
42.5	2.24	5.5：11	358：840	1.87
	3.36	8.4：27	358：840	2.37
	1.65	4.3：21	243：830	2.28
	2.46	6.5：30	163：838	2.05
	22.46	13：30	163：838	1.94
30.2	6.86	7.5：20	272：869	1.85
	11.7	16：60	272：869	2.14
	12.7	27：75	272：869	1.83
	20.1	40：79	367：908	1.75
	28.7	93：260	367：868	2.12
30.2	5.08	9.7：18	438：838	1.96
	2.25	3.5：7	343：607	2.21
	3.39	4.5：7	438：726	1.88
	2.25	2.4：7	343：838	2.22
			平均	2.03

表 3-4 中给出羰基镍络合物合成反应级数的确定。

表3-4 羰基镍络合物合成反应级数的确定

温度/℃	$\Delta P_1 : \Delta t_1$	$\Delta P_2 : \Delta t_2$	$P_1 : P_2$	n
42.6	62 : 7.5	22 : 10	819 : 318	1.81
	25 : 10	6 : 11	842 : 358	1.78
	58 : 41	4 : 41	838 : 243	2.21
	56 : 34	3 : 30	842 : 163	1.72
30.2	90 : 21	17 : 30	849 : 272	1.80

3.5 镍冰铜原料在高压下合成羰基镍络合物的机制[1,2]

现代羰基法精炼镍的工业流程中,使用的原料有:含有一定硫的镍冰铜、铜镍合金及含镍的废料(催化剂、合金、阳极泥)等。这些原料中含有多种元素的硫化物。各种硫化物在羰基合成过程中的转化过程,每种元素在羰基合成过程中的行为已经研究的很清楚。如何控制条件,提高羰基镍络合物提取率与下列因素有密切关系。

3.5.1 高压合成羰基镍络合物过程中高冰镍硫化物的转化

以镍冰铜为合成羰基镍络合物的原料时,以高压羰基法精炼镍的条件下,原料中的铜、铁、钴元素与硫化镍之间发生置换反应,生成硫化铜、硫化铁及硫化钴,置换出金属镍,不断地补充羰基镍络合物形成过程中所消耗的金属镍。由于得到部分金属镍的补充,使得羰基镍络合物的合成继续进行。其中,主要的化学反应如下:

$$Ni_3S_2 + 4Cu = 2Cu_2S + 3Ni$$
$$Ni_3S_2 + 4Co = 2Co_2S + 3Ni$$
$$Ni_3S_2 + 4Fe = 2Fe_2S + 3N$$

上述的化学反应方向,已经通过羰基镍合成实际的试验数据及在250℃下金属硫化物生成的自由能计算值所证明。通过计算表明:自由能由大到小为 $Cu_2S>Co_2S>Fe_2S>Ni_3S_2$,自由能由小到大为 $Cu_2S<Co_2S<Fe_2S<Ni_3S$,就是说反应应该向着金属镍生成的方向进行。这样,镍完全可以进入羰基镍合成反应生成羰基镍络合物,而铁、钴转化为硫化物不能与一氧化碳气体进行反应。因为铜是在其他金属之前生成硫化物,所以从整个过程的效率来看,原料中应该具有充足的硫含量,保障原料中所有的铜、钴、铁生成硫化物所需要的硫,但是挥发的铁与钴的数量要除外(尤其是在过程开始时,这些成分在很大程度上呈金属状态存在)。实际上,钴与铁的含量总是比铜的含量要少得多,因此原料中硫的含量要保持在不超过铜含量的1/4就足够了。

有足够的证据认为：大量铜的存在，妨碍了金属镍及其他金属与一氧化碳之间的相互反应。实践证明：采用高压的一氧化碳气体处理铜镍合金时，镍的羰基合成率随着铜含量的增加而下降，当合金中铜的含量超过40%时，羰基合成反应会完全停止。

合金中硫含量能够促进镍与一氧化碳发生比较完全的羰基合成反应。这是由于金属硫化物在铜镍固溶体中比较均匀分布时，会给高压一氧化碳气体提供向颗粒内部扩散的通道，使得一氧化碳气体，向铜镍合金深处渗透，提供了极为有利的结构条件。同时也为羰基镍气体从颗粒内部向空间扩散提供机会，加速羰基镍合成反应速度。

3.5.2 高压合成羰基镍络合物过程中各元素在合成反应中的行为

四羰基镍络合物的工业生产，通常是利用由硫化镍矿获得的铜镍冰铜，二次高硫镍（二次冰铜）含有镍的合金或者铁镍冰铜。所有的这些材料都含有不同量的镍、铁、钴、铜及硫。尽管选择适合四羰基镍络合物的合成条件，避免羰基铁和羰基钴的合成，但是总会有一小部分铁和钴被羰基化。在四羰基镍络合物合成的条件下，铜和硫完全不能够羰基化。所有的硫都是以镍、铁、钴、铜的硫化物的形式存在。从形成硫化物反应过程中自由能的变化指出，四个硫化物和四个金属的能量处于不同值。下面是描述硫化物化学反应的方程式：

$$Ni_3S_2 + 2Co \rightleftharpoons 2CoS + 3Ni \qquad Ni_3S_2 + 2Fe \rightleftharpoons 2FeS + 3Ni$$
$$Ni_3S_2 + 4Cu \rightleftharpoons 2Cu_2S + 3Ni \qquad CoS + Fe \rightleftharpoons FeS + Co$$
$$CoS + 2Cu \rightleftharpoons Cu_2S + Co \qquad FeS + 2Cu \rightleftharpoons Cu_2S + Fe$$

如果在高压CO和高温度下处理硫化镍，首先是金属镍与CO气体发生羰基合成反应，生成四羰基镍络合物。

$$Ni + Ni_3S_2 + CO \longrightarrow Ni_3S_2 + Ni(CO)_4$$

四羰基镍络合物合成后的残渣是硫化镍，固体残渣依然保持着自己的形状与尺寸。Н. А. рёлозерский 和 Кричёскии 的研究指出：在含有20%硫的合金中，除了 Ni_3S_2 残留在渣中，合金中的镍能够顺利地被羰基化；在含有高硫镍的合金中，羰基合成后的残渣中，残留的是 $Ni_3S_2 + NiS$。产生多种硫化物的现象是由于 Ni_3S_2 进行分解的结果（$Ni_3S_2 \rightarrow Ni + 2NiS$）。在合金中二种硫化物并存达到平衡时，当硫含量降低，有大量镍存在时，则平衡向左移动；相反，在一定范围内提取镍时，使平衡向右移动。

图3-1的曲线可以看出：从含有不同成分 Ni-S 组成的原料中合成四羰基镍络合物，成分的计算是按着纯 Ni_3S_2 而言的。在合金中含有20%硫化物时，羰基合成提取镍的数量与实际是相符的。对于含有丰富硫化物的合金中，羰基合成提取镍数量在增加。长时间用 CO 气体处理此合金残留的硫化物，从不连续的直线指

出：残渣中积累的硫化物与原来合金中硫化物组成不同。

图 3-2 为 Fe-FeS-FeS$_2$ 系合金羰基合成过程分析图。从含有硫的镍合金中，羰基合成提取所有的金属后，残渣经过 X 光相分析结果：几乎全部为 Ni$_3$S$_2$，将该残渣再用 CO 气体合成四羰基镍络合物，此时的残渣已经变成为单体硫化物 NiS。下面的例子也显示：当残渣为 Ni$_3$S$_2$ 时，羰基合成在 200℃ 及高压 CO 气体长时间作用下，所获得的残渣也是 NiS。

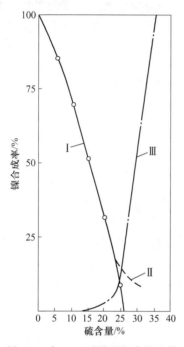

图 3-1　在 Ni-S 系羰基相中提取镍
与硫含量的关系

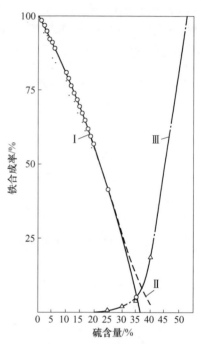

图 3-2　在 Fe-FeS-FeS$_2$ 系羰基相中提取铁
与硫含量的关系

高压合成釜中存在镍硫黄铁矿时，以 Ni-S 合金为原料合成四羰基镍络合物过程中，形成的羰基铁与 Ni-S 合金反应生成四羰基镍络合物。其反应方程式如下：

$$7Ni_3S_2 + 4Fe(CO)_5 + 24CO \longrightarrow 11Ni(CO)_4 + 10NiS + 4FeS$$

从残渣的硫化混合物中可以发现镍硫黄铁矿晶体。

研究指出：在高温和高压条件下，采用硫化镍原料合成四羰基镍络合物过程中，硫化镍中的硫与合金中的铜、银、钼及氧化钙形成硫化物。该置换反应不仅在硫化物的内部进行，而且也在表面上进行。

如果利用 CO 来处理致密的 Cu-Ni 合金或者 Cu-Ni 混合物，则形成四羰基镍络合物的速度会大大地降低。其主要原因是一氧化碳气体的扩散速度低以及固相中镍含量降低的缘故，如图 3-3 所示。

如果原料中增加硫和铜，使得四羰基镍络合物合成率也会降低，甚至四羰基镍络合物合成率为零，其原因是由于大量 Ni_3S_2 和 NiS 存在的结果。

在 Ni-Cu-S 的三元合金中，四羰基镍络合物合成速度不同于二元合金。三元合金中硫可以形成硫化镍和硫化铜，如图 3-4 和图 3-5 所示。

$$2Cu+S \Longrightarrow Cu_2S；Cu+S \Longrightarrow CuS；3Ni+2S \Longrightarrow Ni_3S_2；Ni+S \Longrightarrow NiS$$

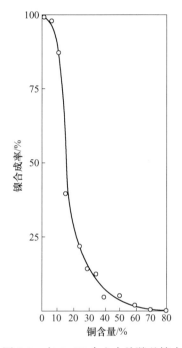

图 3-3 在 Cu-Ni 合金中从羰基镍中
提取镍与铜含量的关系

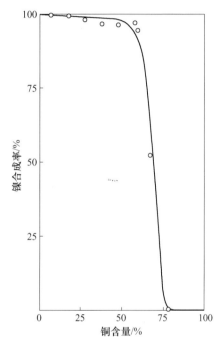

图 3-4 在 Ni-Cu-S 合金中从羰基镍中提取镍
与铜含量的关系（含硫量 2.5%）

由于这些硫化物之间存在着一定数量比例，这个比例是建立在每一个温度平衡的基础上的。

$$Ni_3S_2+2Cu \Longrightarrow 3Ni+2CuS；Ni_3S_2+4Cu \Longrightarrow 3Ni+2Cu_2S；NiS+Cu \Longrightarrow Ni+CuS$$
$$NiS+2Cu \Longrightarrow Ni+Cu_2S；2NiS+Ni \Longrightarrow Ni_3S_2；CuS+Cu \Longrightarrow Cu_2S$$

在三元合金中存在四种硫化物，它们的比例取决于硫的含量。

在 Ni-S-Cu 的三元合金中，硫化物的存在，对于四羰基镍络合物合成反应具有双重意义。一方面有利于 CO 气体沿着金属硫化物的疏散边界向固体原料内部扩散，增加四羰基镍络合物合成反应的界面；另一方面硫含量的增加，补充了铜变成 Cu_2S 所需要的硫，使得 $Ni_3S_2+4Cu=3Ni+2Cu_2S$ 难以进行，四羰基镍络合物合成率下降。研究指出：在 Ni-S-Cu 的三元合金中，合成四羰基镍络合物的实验中，Cu：S≈4：1（Cu$_2$S 中 2×63.54/32＝4）时，四羰基镍络合物合成率最高。在所有的实验结果中，凡是合金中 Cu：S≈4：1 的原料，镍的含量在 25%~95% 之间，四羰基镍络合物合成率达到 99%，甚至达到 100%。

在 Ni-S-Cu 的三元合金中，同时也含有能够形成羰基物的元素，例如铁、钴等。合金中金属钴分布在硫化物与金属之间。钴的存在不但降低了四羰基镍络合物合成速度，同时钴也形成羰基钴 2Co＋8CO ＝＝ [Co(CO)$_4$]$_2$，2Co＋2Ni(CO)$_4$→[Co(CO)$_4$]$_2$+2Ni。

金属钴形成羰基钴后，使得金属钴从羰基相分离出来，解决了分布在硫化物与金属之间钴的分离，同时部分钴也从硫化物变成金属钴。

$$2CoS + 3Ni \Longrightarrow Ni_3S_2 + 2Co$$
$$CoS + 2Cu \longrightarrow Cu_2S + Co$$
$$CoS + Ni \longrightarrow NiS + Co$$
$$CoS + Cu \longrightarrow CuS + Co$$

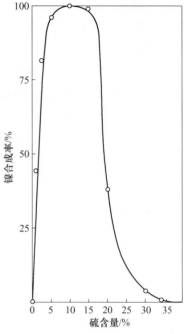

图 3-5　在 Ni-Cu-S 合金中从羰基镍中提取镍与硫含量的关系（铜含量为 40%）

如果四羰基镍络合物形成速度比羰基钴形成速度快，则金属镍的贫化要比钴贫化快，也就是说金属镍的分布系数 k_1 比钴的分布系数 k_2 增加快。

$$\frac{Ni\ 金属}{Ni\ 硫化物} = k_1 \qquad \frac{Co\ 金属}{Co\ 硫化物} = k_2$$

$$\frac{k_1}{k_2} = \frac{Ni\ 金属 \cdot Co\ 硫化物}{Co\ 金属 \cdot Ni\ 硫化物} = k_3$$

它们相应增加时，使 Ni+CoS→Co+NiS 以及 3Ni+2CoS→2Co+Ni$_3$S$_2$ 向右移动。为了恢复固相平衡该反应从右向左移动，即金属钴变成硫化物，使镍从硫化物中释放出来。

在含有三个可以形成羰基金属的元素及五个组分中，第一阶段获得羰基物为：Ni+CO→Ni(CO)$_4$；2Co+8CO→[Co(CO)$_4$]$_2$；Fe+5CO→Fe(CO)$_5$。

这个合成反应的顺序是遵循能量的变化。首先是自由能的变化多少，其次是金属的浓度。假如在一瞬间形成过多的四羰基镍络合物，而其他的羰基物很少，则羰基合成反应会引发下列结果：

$$5Ni(CO)_4 + 4Fe \Longrightarrow 4Fe(CO)_5 + 5Ni$$
$$2Ni(CO)_4 + 2Co \Longrightarrow [Co(CO)_4]_2 + 2Ni$$
$$8Fe(CO)_5 + 10Co \Longrightarrow 5[Co(CO)_4]_2 + 8Fe$$

从金属相析出来的原子，在羰基化过程中破坏了固相中金属的平衡关系。为了恢复平衡，经常就有金属过渡到金属的硫化物。

$$Me_1 + Me_2S \Longrightarrow Me_2 + Me_1S \quad FeS + Co \Longrightarrow CoS + Fe$$

$$2Fe + Ni_3S_2 \Longrightarrow 2FeS + 3Ni \quad Fe + NiS \Longrightarrow FeS + Ni$$

$$FeS + 2Cu \Longrightarrow Cu_2S + Fe \quad FeS + Cu \Longrightarrow Cu + FeS$$

研究指出：用 20MPa 处理镍的硫化物时，则有一部分镍的硫化物变成金属，铁变成硫化物。开始用铁置换硫化物是定量的，在某一个范围变成单体硫。

表 3-5 为在羰基合成过程中金属和硫化物的平衡。

表 3-5   在羰基合成过程中金属和硫化物的平衡

装料量 /g	料中物质含量/g		羰基提取 金属/g	残渣/g		硫化物转金属	
	金属	硫化物		金属	硫化物	g	mol
镍							
4225.1	1649.5	2575.6	1565.6	304.2	2355.3	220.3	1.25
7832.4	3060.2	4502.1	3189.9	75.9	4696.6	205.6	1.16
364.7	221.6	143.1	246.0	11.0	107.7	35.4	0.20
铁							
3658.2	1108.6	2549.6	710.7	257.9	2689.6	140.0	2.5
7413.0	2063.0	5350.0	137.0	1818.4	5457.6	107.6	1.93
411.2	185.2	226.0	174.2	5.8	231.2	5.2	0.093

因此，由镍和其他元素形成的合金，利用羰基法可以从合金中提取镍。四羰基镍络合物的热分解是有效地获得高纯度的镍的方法。

参 考 文 献

[1] Бёлозерский Н А. Карбонилй Металлов. Москва. Научно. тёхничесое и здательства. 1958 27：254~311.

[2] Сыркин В Г. Карвонильный Металлы, М. Метллургидам. 1978：122~125.

[3] 冶金工业部情报研究所陈维东. 国外有色冶金工厂：镍与钴 [M]. 北京：冶金工业出版社，1985.

[4] 滕荣厚，等. 诸因素对铜-镍合金羰基化的影响 [J]. 钢铁研究总院学报，1983 (1)：37~42.

[5] 滕荣厚，等. Cu-Ni 合金中硫化物对羰基镍合成反应的影响 [J]. 粉末冶金工业，2007，17 (3)：1~6.

4　羰基法精炼镍的工业化生产

4.1　羰基法精炼镍的技术发展及典型的工艺

4.1.1　羰基法精炼镍的技术发展

羰基法精炼镍是属于气相冶金领域中的一种提取冶金方法。它是利用一氧化碳气体与含有镍的活性原料，在一定的温度和压力下，形成羰基镍络合物——四羰基镍络合物。由于四羰基镍络合物极不稳定，在一定的温度下，能够迅速分解为金属镍和一氧化碳气体，再通过分离技术获得金属镍。

羰基镍络合物于 1889 年由蒙德（Dr Ludwing Mond）发现的。于 1902 年在英国威尔士的克里达奇（Clydach）建立了蒙德常压羰基法精炼镍工厂，年产量达到 28000t。二战前德国 BASF 最先采用高压羰基法精炼镍工艺，开创高压羰基法精炼镍工业化生产，年产量达到 6000t，已经于 1964 年关闭。20 世纪 50 年代，俄罗斯北方镍公司也开始高压羰基法精炼镍的工业化生产，年产量达到 5000t。1973 年加拿大 INCO 在铜崖（Copper-Cliff）建成世界上最大羰基法精炼镍厂，开创利用转动釜合成新工艺，年产量达到 56000t。

中国于 1958 年开始研究羰基法精炼镍技术，1965 年建厂生产超细羰基镍粉末。进入 21 世纪，吉林吉恩镍业有限公司于 2003 年引进加拿大 CVMR 常压羰基法精炼镍工艺，年产羰基镍粉末 2000t。金川集团公司在 2010 年建立万吨级羰基法精炼镍工厂。

羰基法精炼镍技术，已被公认为是提取镍的最好方法。由于该技术不但可以获得高纯度的产品，而且还具有能源消耗低及无污染的废料等优点。

4.1.2　羰基法精炼镍的典型工艺

羰基法精炼镍工艺按其合成四羰基镍络合物的压力可以划分为三种方法：常压羰基法（$P \leqslant 1.96\text{kPa}$）、中压羰基法（$1.0\text{MPa} \leqslant P < 7.0\text{MPa}$）和高压羰基法（$7.0\text{MPa} \leqslant P < 25\text{MPa}$）。本文中的压力分类是行业内部的叫法，不是标准压力的分类。

4.1.2.1　常压羰基法精炼镍工艺流程[1~3]

1902 年，在英国威尔士克里达奇（Clydach）建立了蒙德（Dr Ludwing

Mond）常压羰基法精炼镍的工业化生产。克里达奇精炼厂是世界上最早应用蒙德常压羰基法精炼镍工艺的。1967 年前，蒙德常压羰基法精炼镍工艺采用塔式结构设备的工艺流程；1967 年后，由塔式结构设备改造为回转窑式的工艺流程。整个流程实现了自动控制，使得常压羰基法精炼镍的技术水平大大地提高。

蒙德常压羰基法精炼镍的工艺流程由三步组成。首先是将经过焙烧后的海绵状铜镍合金进行还原，还原后的海绵镍，进行硫化活性处理。活性海绵镍从回转窑一端，加入到羰基合成回转窑里。被加热的 CO 气体（60℃左右）从另一端进入回转窑，CO 与逆向进入回转窑的活性镍相接触后则发生羰基合成反应，生成气体羰基镍络合物。羰基合成回转窑的温度控制在 60℃。因为羰基合成反应是在常压下进行的，所以在这样的温度及压力下，保障羰基合成的选择反应只会生成羰基镍络合物（如果原料中铁含量高时，会有少量羰基铁络合物）。因此在常压羰基法精炼镍的工艺中，没有羰基混合物的精馏工段。从羰基合成回转窑出来的羰基镍络合物气体，经过除尘处理后，被输送到加热 200℃ 的热分解炉，羰基镍络合物被加热分解成为镍与 CO 气体，CO 气体可以循环使用。Clydach 常压法精炼镍工艺流程如图 4-1 所示。

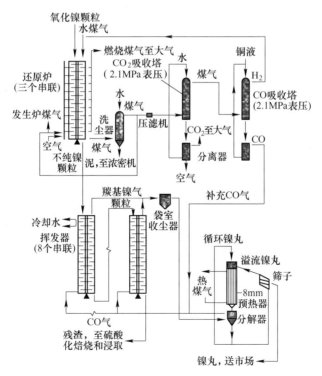

图 4-1 Clydach 常压羰基法工艺流程图

4.1.2.2 中压羰基法精炼镍工艺流程[4~7]

1969年，加拿大国际镍公司开始在加拿大铜崖（Copper-Cliff）兴建中压羰基法精炼镍厂。它利用本公司的三项专利技术：其一，卡尔多转炉氧气顶吹-水淬雾化法，制备具有一定硫含量的铜镍合金颗粒；其二，转动合成釜及中压羰基法精炼镍的新技术；其三，利用高压浸出处理残渣，回收铜、钴及贵金属。加拿大国际镍公司铜崖精炼厂于1973年建成投产，共有3台转动釜，每一个转动釜装料150t，羰基合成压力为7MPa，温度控制在180℃，合成周期为36~42h，原料中镍的合成率达到95%，年产量达到56000t，工艺流程如图4-2所示。

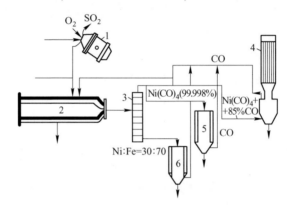

图4-2　INCO Copper-Cliff 中压羰基法工艺流程图

1—氧气顶吹转炉；2—转动合成釜；3—精馏塔；4—镍丸炉；5—镍粉炉；6—铁镍粉末炉

加拿大国际镍公司新科里多尼亚的布瓦兹镍厂，也是采用中压羰基法精炼镍技术，生产的主要产品是镍丸，年产量为5万吨。

加拿大国际镍公司 Clydach 精炼镍厂，还有一条低压羰基法精炼镍工艺的生产线，采用 CO 气体压力为 2MPa、温度为 150℃，羰基合成原料是海绵态氧化镍，在还原塔还原后所获得的是活性镍及常压羰基法的残渣，生产的产品为羰基镍粉末，只占 Clydach 精炼镍厂产量的 5%，工艺流程如图4-3所示。

4.1.2.3 高压羰基法精炼镍工艺流程[1,3,4,8,9]

二次大战前，德国 BASF 公司利用高冰镍为原料，原料中的硫含量足以满足铜能够形成 Cu_2S。然后将镍冰铜破碎到一定尺寸的块度，在高压反应釜中进行高压羰基合成。CO 压力为 30MPa、温度为 200℃、合成时间为 3 天，原料中镍合成率达到 95%。铜、钴及贵金属依然保留在残渣中，获得的羰基镍络合物的混合物经过精馏后除铁，获得高纯度羰基镍络合物。再将羰基镍络合物液体，输送到热分解车间，生产羰基镍粉末。工艺流程如图4-4所示。

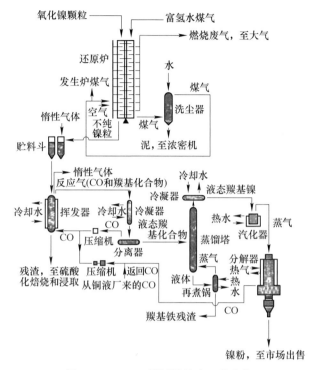

图 4-3 Clydach 低压羰基法工艺流程

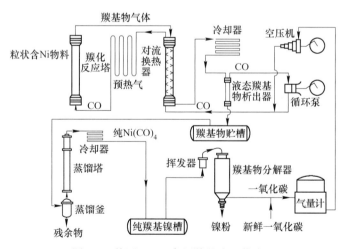

图 4-4 德国 BASF 高压羰基法工艺流程

俄罗斯北方镍公司采用高压羰基法精炼镍技术，CO 压力为 20~22MPa，温度为 180~200℃，合成时间为 4 天。原料中镍合成率达到 95%。工艺流程如图 4-5 所示。

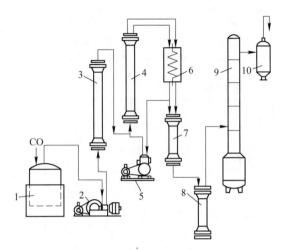

图 4-5   俄罗斯北方镍公司高压羰基法工艺流程

1—CO 气体储罐；2—压缩机；3—高压反应釜；4—热交换器；5—循环压缩机；6，10—冷凝器；
7—高压分离器；8—低压分离器；9—精馏塔

20 世纪 70 年代，钢铁研究院与金川镍公司合作，在钢铁研究院羰基镍实验室，利用金川镍公司的 Cu-Ni 合金，在固定反应釜中，CO 压力为 7~10MPa，羰基合成率达到 95%。

4.2   蒙德常压羰基法精炼镍工艺

蒙德选择常压羰基法精炼镍工艺，是由于在那个时代高压压缩机及高压容器的制造都不具备的条件下产生的。但是，经历了一个多世纪的改造及创新发展，至今已经成为技术非常完善的工艺。1967 年后 Clydach 精炼镍厂经过技术改造，采用了新的回转窑方法，淘汰了过去的塔式结构的常压羰基法。回转窑新的全部工艺流程由计算机控制。下面将对于 Clydach 精炼镍厂改造前、后的工艺做一个详细的叙述。

4.2.1   1967 年前蒙德常压羰基法精炼镍工艺流程

4.2.1.1   精炼镍工艺流程

1967 年前，克里达奇（Clydach）精炼厂，采用蒙德常压羰基法精炼镍工艺流程如图 4-6 所示。首先，将高硫镍中的硫和铜除掉。为此，将高硫镍机械粉碎后进行焙烧，再用硫酸溶液除铜，这样就获得了高品位的氧化镍原料。高品位的氧化镍原料，经过输送进入串联的还原塔组合。氧化镍在还原塔组合里，利用水煤气中含有的氢气进行还原，将氧化镍还原成金属镍。经过还原的原料进入羰基镍络合物合成塔组合，在合成塔里金属镍与一氧化碳气体进行合成反应，生成羰基镍络合物。从最后一个合成塔排出含有 2%~4% 羰基镍络合物的混合气体，经过过滤器进行除尘后，再进入热分解车间制取镍丸炉。为了处理常压法的残渣，在 20 世纪 30 年代，蒙德工艺流程中出现低压羰基化技术，以 2.0MPa CO 气体压力处理常压法的残渣，镍的羰基合成率达到 95%。

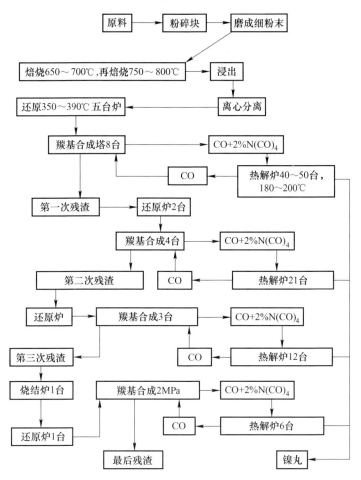

图 4-6　1967 年前蒙德常压羰基法精炼镍工艺流程

4.2.1.2　技术要点及参数控制

A　镍冰铜原料的化学成分及物理性能

最初，蒙德常压羰基法在克里达奇精炼镍工艺流程中，利用镍冰铜作为原料。其成分为 Ni 22.4%，Cu 41%，S 23%，Fe 2% 及少量的钴，后来利用富镍的原料，其成分为 Ni 48%，Cu 27%，S 23%，Fe 2%。首先，将高硫镍中的硫和铜除掉。为此，将高硫镍进行机械粉碎成块度不大于 38μm，经过筛分后达到 60 目（0.25μm）的占 97%。粉碎的原料要经过二个焙烧炉进行焙烧。

B 还原及合成的气体原料

蒙德常压羰基法克里达奇精炼镍工艺流程中，水煤气既作为还原气体（H_2 51%），又作为羰基镍络合物合成气体（CO 40%）。水煤气的主要成分为：CO 40%，H_2 51%，N_2 4%，CO_2 4%，CH_4 1%。

C 镍冰铜的沸腾焙烧工艺

粉碎的镍冰铜原料要经过二个焙烧炉进行焙烧，先是焙烧温度控制在 650~700℃，然后在 750~800℃进行焙烧，焙烧后原料中的 S 含量<1%。热的焙烧块，通过一个冷却器使得原料温度降低到 150℃ 以下，再通过运输带输送到贮存仓，再用硫酸溶液除铜，而后获得的海绵状态氧化镍粉末，其成分为：Ni 52.5%，Cu 20%，Fe 2.6%。海绵态氧化镍粉末进入还原塔（如图 4-7 所示）进行还原处理。

D 海绵态氧化镍的还原

获得的海绵状态氧化镍原料连续的经过五个串联的还原塔组合，还原塔的温度控制在 390℃，压力在 100mmH_2O❶的条件下，连续还原 5h，还原炉内部是有 21 层的塔式结构。原料从塔顶加入，在逐层往下降时被燃烧的发生炉煤气加热。还原塔的加热是通过每一层的气孔引入热气，但是塔下面的五层不加热，主要起到冷却作用，还原气体为水煤气中的 H_2。研究指出：在温度为 350~430℃，原料中含有一定硫的条件下，主要是 H_2 还原海绵态氧化镍（$H_2 + NiO = Ni + H_2O$）。海绵态氧化镍被 H_2 还原成海绵状金属镍的过程中，CO 的还原作用仅仅为 3%。从还原炉里出来的气体中含有极为丰富的 CO 气体，作为合成羰基镍络合物的原料。

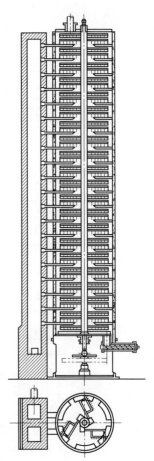

图 4-7 还原塔

E 硫化处理

海绵态氧化镍被 H_2 还原成海绵状金属镍以后，海绵状金属镍必须进行硫化氢气体处理才能够获得活性。硫化处理是在硫化处理塔中进行的，其塔的结构与

---

❶ 1mmH_2O=9.8Pa。

还原塔完全相同。还原好的原料从第二个塔的底部排出后，由提升机输送到硫化处理塔（实际上是第三个还原塔）进行硫化处理，使得还原后的原料活化，活化的原料经过冷却后进入羰基镍络合物合成塔。

F　常压法羰基镍络合物的合成

经过硫化处理的活性海绵状金属镍原料（52.5%Ni，20.6%Cu，2.5%Fe）进入8个串联的羰基镍络合物合成塔组合（如图4-8所示），羰基镍络合物合成是在带有冷却系统，多膛合成塔中进行的。由铸铁制成的合成塔与还原塔相似，经过降温后的颗粒状的金属海绵镍，从合成塔的顶端进入，而后逐层下流。而CO气体从塔的底部进入，沿着塔内空腔上升，两种原料在合成塔逆向运动相互接触，活性镍与CO在合成塔中进行羰基合成反应，生成羰基镍络合物。合成塔的温度保持40~60℃，在200mmH$_2$O压力下，合成时间为16h，合成的羰基镍络合物气体从塔顶部排出。由于羰基镍络合物合成反应是放热反应，为了及时带走反应热，通过调解合成塔外部及内部炉膛的循环水冷却量，以保证5组合成塔内部的羰基合成反应温度。镍颗粒原料通过一组合成塔需要4天，每一组共有8个合成塔。正常操作共有6组合成塔，每一组合成塔与2个还原塔和1个硫化塔串联，每一组日处理镍原料大约20t。羰基镍络合物合成的前3个挥发塔，合成反应最为激烈。第一个挥发塔排出的气体中含有15%的羰基镍络合物气体。但是，随后的几个挥发器逐渐贫化，混合气体中，羰基镍络合物气体含量低至0.5%。羰基镍络合物气体在混合气体中的平均含量为2%~4%，混合气体经过除尘后输送到羰基镍络合物热分解车间制取镍丸。

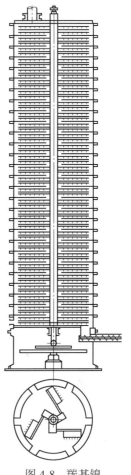

图4-8　羰基镍络合物合成塔

从最后一个挥发塔中排出残渣，残渣中除了含有少量镍外，还有铜、铁、钴及贵金属。羰基合成的残渣经过焙烧后，再用湿法处理生成镍盐、钴盐、铜及贵金属。

每一组羰基镍络合物合成设备的工艺连接如下：

2个还原塔　　　1个硫化塔　　　　　　　　　　　8个羰基镍络合物合成塔

从原料的还原、硫化处理到羰基镍络合物合成的第一个循环周期中，镍的合成率大约为 36%。第一个循环周期的残渣再进行重复还原及羰基合成，蒙德常压羰基合成率一般在 75%~80%。常压羰基合成的残渣（36%Ni，36%Cu，8%Fe）进入低压合成工序，加压羰基合成使得羰基合成率大大地提高。

G 羰基镍络合物的热分解

羰基镍络合物热分解的主要产品，有镍丸和羰基镍粉末。利用羰基镍络合物的热分解，制取镍丸是在镍丸炉（如图 4-9 所示）中完成的。

镍丸分解器的原理是：含有一定浓度（4%V）的羰基镍络合物气体混合物 $[CO+Ni(CO)_4$ 混合气体$]$，从挥发塔来以 1.96kPa 的压力进入镍丸炉的中心管道，再通过 6 个分支管加入热分解器，与具有一定温度的镍颗粒（镍粉末及不同尺寸颗粒）相遇，羰基镍络合物在镍颗粒的表面上分解，析出的金属镍沉积在镍颗粒表面（气相沉积），颗粒表面形成涂层。在不断循环过程中，不断地进行循环长大，逐渐长大成为镍丸。

精炼厂配备镍丸炉 40~50 台。镍丸炉是由 6 个高为 788mm，直径为 686mm 的钢桶叠加起来的。钢桶里充满镍粉末为核心，镍粉末核心的温度保持在 180~200℃，而且粉末核心处在不停的运动。镍丸在热分解炉中循环时，经过 1 个筛分装置，镍丸大于 5mm 的直接进入成品仓，而小于 5mm 的丸在炉内继续循环长大，从镍丸炉排出的 CO 气体再回到合成塔使用。

4.2.1.3 一氧化碳气体的回收

一氧化碳的回收是从最后一个还原塔中出来的富有 CO 气体的混合气体，首先是用水洗涤二氧化碳气体及灰尘，然

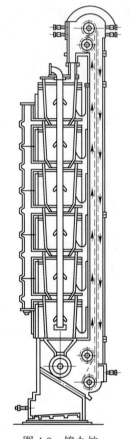

图 4-9 镍丸炉

后加压到 2.1MPa 并导入铜氨液中（一种含有氨甲酸亚铜的溶液）使得一氧化碳气体与氨液形成化合物而被吸收，再通过降压与加温度的方法，使得一氧化碳气体在另外一个容器里释放出来。释放出来的一氧化碳气体，通过水洗除去微量氨，此时一氧化碳气体纯度得到 95%，贮存到一氧化碳贮气罐中，准备用于常压及加压羰基合成。原来气体中的氢气没有被铜氨液吸收，通过解吸器进入还原塔。

4.2.2 1967 年改造后的常压羰基法精炼镍回转窑工艺流程

4.2.2.1 常压羰基法回转窑工艺流程

1967 年，经过改造后的克里达奇（Clydach）蒙德常压羰基法精炼镍流程，

是采用世界上最为先进的回转窑方法，工艺流程如图 4-10 所示。常压羰基法精炼镍流程中的心脏是两条回转窑生产线。3 台串联的回转窑（如图 4-11 和图 4-12 所示）代替了原来的还原塔、硫化塔及挥发塔。经过焙烧的海绵态氧化镍颗粒进入第一个还原回转窑，利用预热的富氢水煤气进行还原海绵态氧化镍颗粒，生成金属的海绵镍；在第二个回转窑中对海绵镍进行硫化处理，使海绵镍获得活性；具有活性的海绵镍进入第三个回转窑，在温度为 50~60℃ 的条件下与逆流 CO 气体相遇进行羰基镍络合物合成反应。羰基合成回转窑产生的羰基镍络合物气体，通过管道输送到热分解炉生产镍丸和镍粉末。

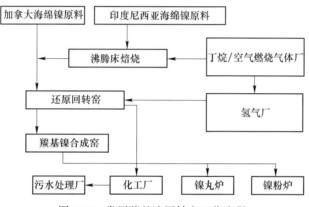

图 4-10 常压羰基法回转窑工艺流程

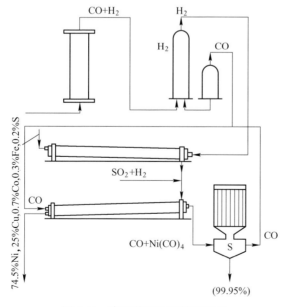

图 4-11 常压羰基法回转窑工艺

图 4-12　常压羰基法回转窑

4.2.2.2　技术要点及参数控制

A　原料来源及要求

改造后的原料来源分成两个地区，加拿大供应的原料仍然是海绵态氧化镍粉；印度尼西亚和危地马拉供应的是镍的硫化物，必须经过焙烧后再进入主流程。原料的化学成分为：74.5%Ni，25%Cu，0.7%Co，0.3%Fe，0.2%S。

B　气体原料

含有富 H_2 的水煤气是利用水蒸气通过赤热的煤和焦炭制成的。水煤气的主要成分为：H_2 51%，CO 40%，N_2 4%，CO_2 4%，CH_4 1%。水煤气进入还原窑之前要进行预热，预热的水煤气保持在 425℃ 左右。

C　海绵态氧化镍的还原及硫化处理

当海绵态氧化镍颗粒原料进入 40m 长的回转窑后，原料在被预热到 425℃ 的水煤气中进行翻扬，海绵态的氧化镍颗粒被水煤气中的 H_2 还原成金属海绵镍。被还原成的金属海绵镍紧接着进行硫化处理，使被还原的金属海绵镍具有活性。

D　羰基镍络合物合成反应

具有活性的金属海绵镍在最后一个回转窑中与一氧化碳气体进行羰基合成反应。在合成回转窑中温度控制在 50~60℃。常压下的一氧化碳被预热到 60~65℃ 之间后，与金属海绵镍逆流相遇，生成的羰基镍络合物气体，从回转窑的另一端排除，经过除尘器去掉混合气体中的固体杂质，净化后的混合气体中大约含有 16% 的羰基镍络合物气体，该混合气体输送到热分解车间。

E　羰基镍络合物热分解

从羰基合成回转窑出来的混合气体，通过管道输送到附近的热分解车间。羰基镍络合物气体，在热分解车间被制成镍丸和镍粉。

（1）制取镍丸。热分解车间共有 18 台新式制取镍丸炉（如图 4-13 所示），每个镍丸炉由三个部分组成。它们是列管预热器，羰基镍络合物气相沉积反应室和颗粒提升循环装置。镍丸炉中装有 30t 左右的镍粉末，镍粉末依靠重力下降运动，通过密封式的提斗机将它循环到炉的顶部。镍粉末首先进入预热段（直径 1200mm，高 6100mm 管式预热炉，利用煤气加热），镍粉末被加热到 230℃ 左右后，再进入 3000mm 高的热分解段，在分解室里镍粉末与上升的羰基镍络合物气体相遇，羰基镍络合物分解出的镍沉积在镍粉末上，使得镍粉末核心不断长大。由于镍颗粒不断地运动，使得镍颗粒之间不会黏结。尾气（一氧化碳气体）中含有 0.1% 的羰基镍络合物气体，再通过循环压机输送到挥发塔中。

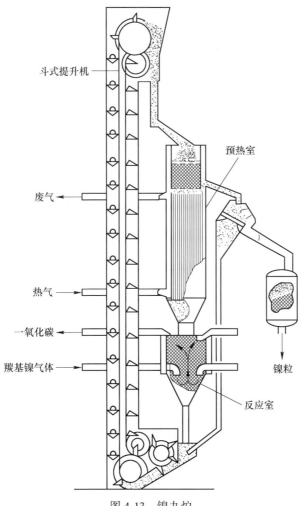

斗式提升机

预热室

废气

热气

一氧化碳

羰基镍气体

镍粒

反应室

图 4-13 镍丸炉

镍丸炉的顶部装有产品筛。不同尺寸的镍丸通过 8~10mm 的筛网进行筛分，大于 10mm 镍丸在筛子上面进入产品筒仓，而小于 10mm 的筛下物颗粒进入加热段，再继续沉积长大。镍丸的化学成分如下：Ni 99.95%，Co 0.0005%，Cu 0.001%，Fe 0.01%，S 0.001%，C 0.01%。

气相沉积使得镍丸具有洋葱状结构。镍丸炉的各种参数是由计算机进行控制。每一个镍粉末颗粒长到产品镍丸大约需要 3 个月，定期加入镍颗粒以补充镍丸生长时所需要的核心。

(2) 制取镍粉末。只有少量的羰基镍络合物气体，在不同的热分解条件下，分解为各种粉末。羰基镍络合物气体以 m/s 的速度进入分解器，热分解器上部壁温度为 500℃，羰基镍络合物气体立刻被分解，核心逐步长成一定粒度的粉末后沉积到热分解器的底部。热分解器的各种参数（温度、流量、炉压）均由计算机控制。

两条回转窑生产线由计算机控制，回转窑中的每一步复合反应以及有毒害气体的控制都是在最佳值，所有的数据都记录在数据纸上，无论是计算机或者反馈仪警报状态都在模拟图上显示出来。整个工作状态不仅在控制室中见到，而且还能够在电视监视中心看到。另外，使用第二套电视系统是为了时时刻刻监视着工艺系统的危险点。

4.2.3 蒙德常压羰基法精炼镍技术的几点启示

4.2.3.1 原料中镍的活性是羰基镍络合物合成反应关键

原料活性主要包括焙烧活性、还原活性、硫化活性及控制失活等。原料中的每一个活性都是同等重要，其中的一项达不到要求，就会直接影响羰基合成反应。

A 镍冰铜焙烧及造孔

高冰镍的焙烧是进行脱硫及形成海绵体氧化镍的过程。在焙烧过程中，高冰镍中的硫化物与空气中氧反应，生成二氧化硫。原来硫化物的存在颗粒的地方变成纳米孔隙，所以焙烧后所获得的氧化颗粒具有高活性纳米孔的海绵体。海绵镍颗粒中的纳米孔隙是加速羰基合成的最佳通道。活性焙烧过程实际是脱硫造孔过程，要想获得高孔隙度的海绵体，必须严格控制以下几个关键：

(1) 镍冰铜颗粒中硫化物的均匀网状分布。高冰镍颗粒中硫化物的分布，是获得高空隙活性镍的最根本条件。如果硫化物能够均匀地分布在高冰镍颗粒中（如图 4-14 和图 4-15 所示），则经过焙烧后，就会获得高孔隙度的海绵体。如果硫化物在高冰镍颗粒中产生严重的偏析，则高冰镍经过焙烧后，就会在颗粒中出现大的孔洞和大块氧化镍致密体，大量的实验证明：这种合金颗粒不会具有羰基合成活性的。为了获得硫化物在镍冰铜颗粒中的均匀网状分布，高冰镍在浇铸过程中要进行快速冷凝。只有硫化物在高冰镍颗粒中的均匀分布，才能获得活性原料。在具有一定硫含量的 Cu-Ni 合金，羰基合成实验中指出：硫化物在 Cu-Ni 合金中呈现连续网状分布时，Cu-Ni 合金就具有活性，可以在中压下，迅速进行羰基合成反应。

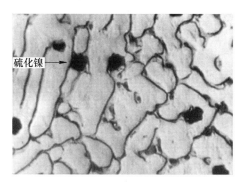

图 4-14　Cu-Ni 合金中硫化物连续网状
（黑色线条）×1250

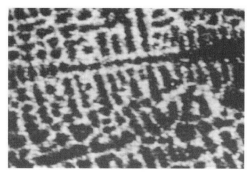

图 4-15　Cu-Ni 合金硫化物扫描图像分布
（白色线条）×510

（2）严格控制沸腾焙烧的温度。沸腾焙烧过程一定要控制好温度，焙烧温度控制在1000℃左右，此时硫化镍变为海绵态氧化镍。防止出现未焙烧透的生料及焙烧过烧中出现的死料。如果焙烧的温度小于 750~800℃时，$S+O_2 \rightarrow SO_2$ 的反应不够充分，则在高冰镍颗粒中，就不能够形成具有高孔隙度、高活性的海绵态氧化镍——生料；如果焙烧的温度控制在 750~800℃时，$S+O_2 \rightarrow SO_2$ 的反应足够充分，从而可以获得高孔隙度的海绵体；当焙烧温度大于 1000℃时，由于焙烧的温度过高，使刚刚形成具有高活性的纳米孔收缩，海绵镍中的孔隙度会大大地降低，甚至成为致密体，根本不具备活性——死料。

（3）焙烧时间的控制。焙烧时间一般控制在 6h。焙烧开始是指 SO_2 从镍冰铜原料中逸出时起，一直到镍冰铜原料中残留的硫含量达到设计要求时，焙烧过程可以停止。在焙烧停止之前，SO_2 从镍冰铜原料中应该是不停地逸出，原料中的空隙一直是通畅的。如果焙烧时间过于延长，原料中的硫化物被耗尽，没有 SO_2 从镍冰铜原料中不停地逸出，那么获得的具有高活性的纳米孔会在高温状态下烧结收缩，海绵态氧化镍颗粒中的孔隙度降低，颗粒变成致密体，失去了焙烧活性。

B　还原活性

海绵态氧化镍在回转窑中的还原，是羰基合成中最为关键的一环。还原反应的温度要控制在能够进行还原反应（$NiO+H_2 = Ni+H_2O$）的最低温度。如果还原温度过高，一方面会使得刚刚获得的金属海绵镍的纳米孔收缩；另一方面颗粒会烧结，导致失去活性。还原时间也要严格控制，保证原料还原透的最短时间为最佳。

C 硫化活性

硫化活性是在硫化回转窑中加入硫化氢气体,在一定温度下,海绵镍进行硫化处理后获得的,控制硫化温度不能过高。

4.2.3.2 物料在动态相互作用下会加速羰基络合物合成反应的进行

A 动态下的还原及硫化处理

动态下的还原反应,是指参加反应的物质在一定的反应温度下,一方面要控制固体物料在反应器内的翻扬速度和原料的前进速度,同时还要控制水煤气的流速。既要保障 H_2 气的充足供应,还要保障 H_2 气与海绵态氧化镍的充分接触时间,进行完全彻底的还原反应。水煤气在前进过程中必须将水蒸气完全带走,防止已经被还原成活性金属海绵镍氧化。

被还原的金属海绵镍,在动态下进行硫化处理,进一步保障金属海绵镍充分地硫化,获得羰基合成反应活性,加速羰基合成反应速度。

B 动态下的羰基合成反应

在羰基合成的反应器中,分散飞扬运动的海绵镍颗粒,与逆向流动的 CO 相遇。海绵镍颗粒被 CO 气体充分地包围在中间,使得活化镍与活化的 CO 气体接触的机会大大增加。加速 CO 气体在镍表面的物理及化学吸附,使得羰基合成反应同时在多数的颗粒表面和内部进行;动态下羰基合成又为羰基镍络合物分子从镍表面上脱附提供动力,使得羰基镍络合物迅速从镍颗粒的表面及内部孔隙中脱附。CO气体的吸附与 $Ni(CO)_4$ 脱附交替进行得越快,则羰基合成反应速度也越快。

C 产物的动态移出

动态反应的另外一个特点,是生成的羰基镍络合物气体,不断地从反应区移出,使得羰基合成反应器中的羰基镍络合物气体浓度始终处在不饱和状态,保障羰基合成反应不断地向着正方向进行。

4.2.3.3 控制活性镍的失活

常压羰基法精炼镍工艺中,防止活性镍的失活是关键。在还原回转窑出来的具有高活性的金属海绵镍,应该立刻进入合成回转窑,这样才能够保证活性镍与CO进行合成反应。因为还原的海绵镍要从390℃降至60℃后,才能够进入羰基合成反应回转窑。如果贮存料仓中惰性气体不足,或者密封性差,都会使得海绵镍失去活性,羰基合成反应就不能够快速进行。所以,在活性海绵镍进入羰基合成反应器前活性的保护是至关重要的。为此,要特别关注保护气氛、温度及贮存时间。

A 保护气氛

活化的海绵镍在进入反应器前的保护气氛,依然是还原时的气氛。一定防止在还原中产生的水蒸气及其他氧化性气氛的进入。

B 控制降温速度

在塔式还原的过程中，为了使还原好的原料达到羰基合成所需要的温度（60℃），还原塔最下面的五层不加温，起到冷却作用。这样原料进入硫化塔时再继续降温，待原料从硫化塔进入羰基合成塔时，已经达到羰基合成的温度；在回转窑工艺流程中，活性海绵镍的降温是在硫化回转窑中进行的，硫化后的活性海绵镍离开回转窑时，活性海绵镍的温度已经达到羰基合成所需要的温度。实际上，活性海绵镍的降温过程是在硫化过程中完成。

C 缩短贮存时间

经过硫化处理的活性海绵镍，在进入合成回转窑前，在料仓中贮存时间越短越好。另外，还要保持输送及贮存系统具有良好的密封性能。

4.2.4 结论

（1）常压羰基法精炼镍工艺中的技术关键是：原料的焙烧活性、还原活性、硫化活性、控制失活及动态合成反应等。

（2）常压羰基法精炼镍技术对于原料的粒度和化学成分要求苛刻。

（3）常压羰基法精炼镍工艺流程长，合成周期长，羰基合成率低。

（4）常压羰基法精炼镍工艺流程中，参加反应的 CO 及产物 $Ni(CO)_4$ 都是易燃易爆及有毒气体，避免氧化气氛混入流程中是防爆安全的重要环节。

4.3 中压羰基法精炼镍技术[2,4,5,7]

加拿大国际镍公司（International Nickel Corp. of Canada）利用多年研究成功的专利技术，在 1969 年 3 月开始兴建铜崖（Copper-Cliff）中压羰基法精炼厂，于 1973 年 3 月建成投产，工程总投资 1.4 亿美元。加拿大国际镍公司的中压羰基法（INCO Pressure Carbonyl）简称 IPC，它是羰基法精炼技术的一次突破，也是羰基法精炼镍工艺质的飞跃。

4.3.1 加压羰基法精炼镍技术的最新发展

加压羰基法精炼镍的技术是在蒙德（Dr Ludwing Mond）流程原理的基础上，将一氧化碳气体的压力提高，在高压釜中进行羰基合成。

按着 CO 气体的压力可以分为常压羰基法精炼镍工艺、低压羰基法精炼镍工艺、中压羰基法精炼镍工艺和高压羰基法精炼镍工艺，这种分类的叫法是行业内部的称呼，不是国家压力容器的分类标准 [国标常压、低压（代号 L）0.1MPa $\leqslant P < 1.6$MPa；中压（代号 M）1.6MPa $\leqslant P < 10$MPa；高压（代号 H）10MPa $\leqslant P < 100$MPa；超高压（代号 U）$P \geqslant 100$MPa]。

4.3.1.1 低压羰基法精炼镍技术

加拿大国际镍公司克里达奇（Clydach）精炼镍厂，还有一条低压（行业内称呼，相对于高压羰基法而言）羰基法精炼镍工艺的生产线，将 CO 气体加压到 2MPa、合成反应温度为 150℃。羰基合成原料是经过还原后的氧化镍所获得的活性镍粉末及常压羰基法的残渣。生产的产品为羰基镍粉末，只占克里达奇（Clydach）精炼镍厂产量的 5%。

4.3.1.2 中压羰基法精炼镍技术[4~7]

铜崖（Copper-Cliff）精炼厂是世界上规模最大，高度自动化的羰基法精炼镍的现代工厂，工艺流程如图 4-16 所示。该厂设计生产能力为：年产镍丸 45300t、镍粉末 9072t、铁-镍粉末 2268t。镍丸品位为 99.97%，镍粉末品位为 99.8%。加拿大国际镍公司的中压羰基法大规模工业生产，意味着中压羰基法将成为今后发展的主流。

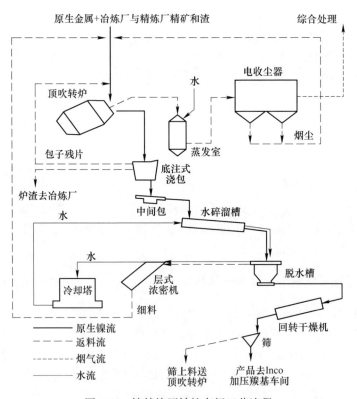

图 4-16 镍精炼厂转炉车间工艺流程

它所采用的原料是从高冰镍中分离出来的铜镍合金成分，含有贵金属的铜-

镍合金，电解的阳极泥残渣等。含镍的物料经过制团、干燥，再经卡尔多（Kaldo）氧气顶吹转炉吹炼，获得具有一定硫含量的铜-镍合金。卡尔多（Kaldo）转炉吹炼成铜-镍合金的熔体，进入水雾化工序，具有一定硫含量的铜-镍合金熔体经过高压水雾化制粒，使得骤冷凝固的铜-镍合金中硫化物均匀地分布在铜镍合金颗粒中。固体颗粒中硫化物类似在熔池中的分布，经过水雾化的铜镍合金颗粒，才能够获得具有高活性羰基化原料，其工艺流程如图4-17所示。

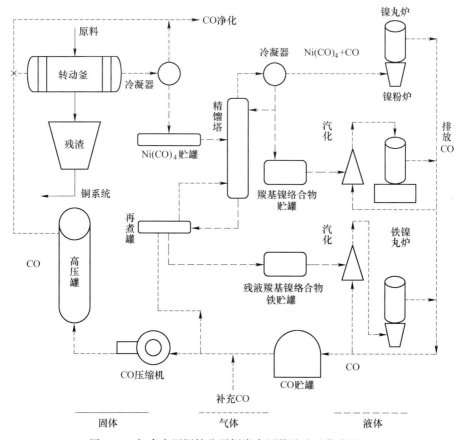

图4-17 加拿大国际镍公司铜崖中压羰基法工艺流程

铜崖（Copper-Cliff）中压羰基法精炼厂共有3台卧式转动合成釜，每一个转动釜装料150t。原料中镍的合成率达到95%，实现了中压羰基法精炼镍的技术突破。利用转动合成釜是羰基合成技术的革命，不但羰基合成反应速度快，而且产品的杂质少（羰基铁络合物含量），还具有羰基络合物稳定等优点。

4.3.2 加拿大国际镍公司铜崖（Copper-Cliff）精炼厂的技术突破

加拿大国际镍公司铜崖（Copper-Cliff）中压羰基法精炼镍厂，它是利用本公司的三项专利技术：卡尔多转炉氧气顶吹-水淬法，制备具有一定硫化物含量的铜-镍合金颗粒；转动合成釜及中压羰基法精炼镍的新技术；利用高压浸出处理残渣，回收铜、钴及贵金属。

加拿大国际镍公司的研究人员发现：将含有少量硫化物和铁的熔融状态的镍-铜合金，采用高压水雾化骤冷的方法进行水淬，使得铜镍合金颗粒中的硫化物，尽可能的类似在铜镍合金固化前熔融状态一样致密及均匀地分布，避免硫化物在固体中产生偏析。通过这种方法，制得的镍-铜合金颗粒原料，在较低的大气压下（CO 压力：7MPa），容易与 CO 发生羰基合成反应，实现了中压下快速羰基化精炼镍的过程。这是加拿大国际镍公司在羰基化原料上的重大突破。

4.3.2.1　活性原料制备技术的突破

（1）原料准备。加拿大国际镍公司铜崖精炼厂的原料，包括来自汤普森的硫化物镍颗粒；来自铜崖（Copper-Cliff）的冰铜分离法金属碎片；来自科尔本尼港和汤普森电解厂的含贵金属铜-镍合金以及硫化镍残极铜-镍金属杂料；残极和卡尔多转炉炉气净化系统的烟尘。经过搅拌、制粒、过筛运入料仓，然后转入炉料称量漏斗，制粒料和颗粒料合成为转炉炉料，其平均成分为：62%Ni，14%Cu 及 20%S。将含有硫化镍的混合原料在 270t 的轧辊机上压成块、干燥后，利用卡尔多（Kaldo）转炉氧气顶吹-水淬法新工艺制备羰基活化原料。

（2）卡尔多（Kaldo）转炉氧气顶吹-水淬法新工艺。首先在卡尔多炉进行熔化，卡尔多转炉温度达到 1370℃ 时开始通氧气吹炼，但是炉中的硫化物不得小于 4%。最后炉温度上升到大于 1600℃ 时，炉料倒入容量为 80t 的感应炉中，温度保持 1600℃。熔体从感应炉流出的量为每分钟 0.7t（或者 1t/min），熔体从中间包流入制粒流槽。利用高压水喷射熔体进行水雾化制粒（水：金属＝18：1）。颗粒收集锥形脱水槽，被脱水槽溢流带走底细颗粒在一台多层浓密机回收，最后返回顶吹转炉。雾化水循环使用，用急冷制成适于羰基法处理的颗粒活性料含有 75%~80%Ni，颗粒进入燃烧煤气的回转窑进行干燥脱水，再利用 3/8in❶ 的筛子除去筛上物，然后将颗粒输送到加拿大国际镍公司加压羰基化车间提取镍。

研究发现：含有一定数量的硫化物和铁的铜-镍合金原料，利用高压水骤冷雾化所获得的铜-镍合金颗粒，颗粒平均粒度大约为 1/16 寸（1.6mm）。该原料易于在温度范围 65~180℃ 下（150~350℉），CO 气体压力一般在 1~6MPa 范围内，最高不超过 10MPa 压力时，更有利地进行羰基合成，原料中的镍可以迅速羰基化。原料中的铜、钴和贵金属都富集于羰基反应的残渣中，可方便地用浸出法提取铜和钴，例如用氨浸液以获得含金属的溶液，然后再用一般方法作进一步

---

❶　1in = 0.0254m。

的处理。

（3）铜-镍合金中硫和铁含量的控制。根据这个发明，一个适用于中压羰基法精炼镍工艺的活性原料，含镍物料的含硫量为 0.2% ~ 4%，含铁不高于 3%，含铜不高于 45%；当含铜低于 15% 时，硫不高于 2%，其余为镍熔体，采用骤冷水雾化这种熔体以制成的颗粒，每一个颗粒中的硫化物都必须均匀地分布，这样的颗粒才具有羰基化活性。

铜的含量<40%，在此含量之下，硫和铁控制在上述范围之内，对羰基镍络合物合成率影响不大，铁含量超过3%也会降低镍的羰基化回收率。不超过2%较好，尽可能低一些则更为有利。例如不超过0.5%，但少量铁以氧化物状态存在不妨碍镍的羰基化回收。

（4）铜崖精炼厂使用的铜-镍合金原料。铜崖精炼厂使用的铜-镍合金原料的成分列入表4-1中。

表 4-1　铜-镍合金原料的成分

物料	化　学　成　分/%					
	Cu	Ni	Co	Fe	S	其他
Ipc 物料	12.2	79.7	2.0	2.1	3.2	0.8
Ipc 渣	57.2	8.5	9.1	6.0	14.6	4.4

4.3.2.2　转动合成釜及中压羰基法精炼镍新技术的突破

A　转动合成釜制备技术的突破

转动合成釜的技术关键是转动密封和釜内的热交换器。转动釜是在常压回转窑的基础上，提高一氧化碳气体的压力，使得羰基镍络合物合成反应在一定的压力下进行，加速了羰基镍络合物合成反应。加拿大国际镍公司于 20 世纪 70 年代，成功地解决了转动密封和散热问题，首创转动釜中压合成的新技术。铜崖（Copper-Cliff）精炼厂，羰基镍络合物合成车间共有 3 台卧式转动式反应釜（两端成半球形，直径：3.7m，长度：13.4m），每一次装料150t。图 4-18 所示为转动合成釜结构。

B　在转动合成釜内进行羰基镍络合物合成反应的优点

（1）转动合成釜内参加反应的物质（CO，活性镍）能够充分地接触。在通常采用固定圆筒状立式反应釜中，反应釜内充满活性镍原料。由于物料堆积密度较大，所以影响一氧化碳气体向物料内部扩散。致使堆积物料边缘疏散处，羰基镍络合物合成反应激烈，而物料内部致密处合成反应速度慢。这样使得每一釜物料反应周期加长，而转动合成釜内部，参加反应的物料能够充分地接触，使得羰基镍络合物合成反应在反应釜内全面开花，大大地缩短每一釜的周期。

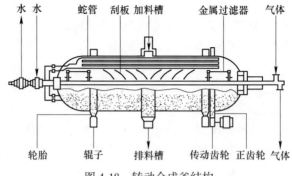

图 4-18 转动合成釜结构

（2）不断地改变转动合成釜内反应气氛。在转动釜内进行羰基镍络合物合成反应过程中，不断地有产物被排除，同时又有新鲜的一氧化碳气体，不断地进入转动釜内部，补充被消耗的一氧化碳气体。转动反应釜内部产物浓度的降低，使得转动反应釜系统内部始终处于不平衡状态，加速羰基镍络合物合成反应的进行。

（3）有利于 CO 气体的扩散及吸附。在转动釜内部的活性镍原料处在飞扬状态，所以每一个活性镍颗粒都处在被大量的一氧化碳气体包围，为一氧化碳气体吸附在活性镍表面提供非常有利的条件。

（4）有利于羰基镍络合物气体的扩散及脱附。由于转动釜内活性镍原料一直处在运动状态，为吸附在镍表面的羰基镍络合物脱附提供动能，当羰基镍络合物分子的动能大于吸附能时，羰基镍络合物分子脱离吸附层进入气相；与此同时，各部位的浓度的起伏也是为羰基镍络合物的脱附提供有利条件。

（5）及时地排除转动合成釜内反应产生的多余热量。由于羰基镍络合物合成反应是放热反应。反应釜内部温度过高，不但会降低合成反应速度，而且还会产生副反应，严重时会导致羰基镍络合物合成反应停止。转动合成釜内物流动态会及时地排除多余热量。

（6）转动合成釜内的温度及压力比较均匀。羰基镍络合物合成反应一直处在恒定的温度及压力下进行。在转动合成釜内羰基镍络合物非常稳定，大大地降低羰基镍络合物解离反应的发生。

C 羰基镍络合物合成的操作及技术参数

经过骤冷水雾化制成的铜-镍合金颗粒，加入三个用炭钢做的两端成半球形的卧式转动式反应釜中。羰基合成车间共有 3 台转动釜，每一次装 150t。开始用一氧化碳加压并加热至 180℃、压力为 7MPa 的条件下进行羰基合成反应；每一釜原料合成周期为 42h。羰基镍络合物合成反应是放热反应，每克分子放出大约158.84kJ 的热量。所以，转动釜内的温度会不断地升高。为了保持釜内羰基合成反应在<60℃的条件下进行，它通过反应器中装置一组组的梯级水冷器来解决。因此，转动釜内部所配有的多组水冷换热管，一方面可以及时地将转动釜内的热量带出；另一方面换热管的功能是用作提料器。当转动釜旋转时，换热管可以使得合金料翻扬，使合金与 CO 气体充分接触；一氧化碳携带一定浓度的羰基镍络合物混合气体通过微金属筛排出反应器。转动釜的每一端装配有金属筛过滤器，起到阻止金属颗粒而只容许 CO 和 Ni(CO)₄ 通过；定期改变通过反应器的气流方向，可以防止过滤器堵塞。

只有铁和镍发生羰基合成反应。羰基镍络合物和羰基铁络合物的混合气体靠 CO 气体循环从转动釜中带走。排出的羰基镍络合物可通过多圈环形管式盐水冷凝器冷凝成液体（羰基物蒸汽在水和乙二醇冷却冷凝器中液化），羰基物液体在大气压下贮存。气流中存在未反应的杂质为 CO 和 N 气体，在羰基合成过程中积累富集，在羰基合成反应进入后期从系统中放出。放出的气体与催化裂化的天然气产生的 CO 一起被净化到 99.5%以上，然后返回高压羰基合成过程。残渣卸入反应器下的有盖箱中，经过球磨机湿磨后用泵打至湿法冶炼厂以回收铜、钴、贵金属及残留的镍。羰基反应完成以后，撤去压力并清洗反应器。镍的提取率达到 95%以上。

羰基镍络合物合成反应中镍合成率为 97%，铁合成率为 30%。铜、钴、贵金属和其他杂质留在多孔的颗粒中。羰基合成完成后利用惰性气体冲洗残留的 CO 和 Ni(CO)₄，排出残渣并用水浆化，球磨输送冶炼厂处理。

4.3.3 骤冷铜-镍合金颗粒羰基化的典型实例

4.3.3.1 铜-镍合金骤冷水雾化处理对于获得活性合金的重要性

原料中镍：铜 = 3:1，硫化物 = 2%。当铜-镍合金熔体进行缓慢冷却时，此时颗粒中硫化物已经偏析。在 CO 压力为 5.4MPa、温度为 148℃、羰基合成时间为 16h 时，铜-镍合金中镍的羰基合成率只有 17%。

相同成分的铜-镍合金，经过骤冷处理。在相同的条件下进行羰基合成，则铜-镍合金中镍的羰基合成率达到 97%。这充分说明：铜-镍合金熔体进行骤冷水雾化处理时，合金中的硫化物均匀地分布在固溶体中，形成连通的网状结构，使得铜-镍合金获得羰基合成活性。

4.3.3.2 原料中硫化物含量对于羰基镍络合物合成率的影响

分别将 70%Ni、25%S 及少量铜、铁含镍硫化物作为原料，采用氧气自热熔炼，在不同硫化物含量情况下停止吹炼，熔体中硫化物含量为 0.04%、0.1%、0.56%、0.90%、1.16%，利用高压水雾化，通过骤冷制成活性颗粒，使得硫化物在每一个颗粒中完全均匀地分布，大致与冷凝前的熔体中硫化物的分布相同。该原料羰基合成条件是：CO 压力为 5MPa，温度为 145℃，羰基合成时间为 16h，羰基合成结果列在表 4-2 中。从羰基合成的结果可以看出：当合金中硫化物含量 <0.5% 时，羰基合成率低；当合金中硫化物含量在 0.5%～1.2% 时，羰基合成率高达 99%。

表 4-2 硫化物对于羰基合成率的影响

序号	化学成分/%				合成率/%
	Ni	Cu	Co	S	
1	97.2	1.56	0.77	0.04	44
2	97.0	0.9	0.86	0.12	59
3	96.7	1.57	0.77	0.56	96
4	96.3	0.88	0.83	0.90	99
5	96.0	0.88	0.76	1.16	99

Fe 的平均含量 <0.2%，少量贵金属及难熔化合物，结果表明：硫化物 <0.2%，原料无活性；硫化物为 1% 时，铁含量低，该情况下羰基合成效果好。

4.3.3.3 原料中高铁含量对于羰基合成的影响

下述事实说明高铁含量的铜镍合金，经过骤冷处理其物料活性很低。当成分为 29.9%Ni，64.7%Fe 及 1.2%S 的熔体水淬后，在羰基合成条件：一氧化碳压力为 5.4MPa、温度为 134℃、时间为 16h 时，羰基镍络合物中的镍回收率只有 7%；当物料中含有过量的铁和其量足以与铁化合的硫化物时，则虽经骤冷，镍的回收率也低。有两个合金熔体，其中一个成分为 30%Ni、57.6%Fe、10.1%S，在羰基合成条件：一氧化碳压力为 5.4MPa、温度为 148℃、时间为 16h 时，羰基合成率为 35%；另一个成分为 31.7%Ni、44.1%Fe、20.4%S 水淬后，在羰基合成条件：一氧化碳压力为 5.4MPa、温度为 134℃、时间为 16h 时，羰基合成率为 53%（译自专利说明书 1067、6382、1967、5）。

4.3.3.4 含铜物料羰基合成结果

采用含铜原料作一系列试验得到的结果列入表 4-3。试料是用严格相同的方法氧吹铜-镍冰铜并骤冷由此产生的合金熔体得到的。6～8 号羰基合成条件是：一氧化碳压力为 2MPa、温度为 145℃、时间为 16h；9～10 号试验压力为 5.4MPa，其余条件相同。

平均含量小于 0.20%Fe，大约 0.7%～0.9%Co，少量贵金属，难熔氧化物及其他杂质。

表 4-3 含铜物料羰基合成结果

试验序号	骤冷合金成分/%			镍回收率/%
	Cu	Ni	S	
6	4.98	92.6	0.16	23
7	4.90	91.0	1.15	84
8	4.85	92.4	1.97	91
9	38.0	60.5	0.09	8
10	37.0	59.2	1.4	98

如不考虑铜的存在，则从上述含硫化物低于 0.2% 的试料得到的镍回收率与表 4-2 中 1 有相同的规律。

有处理含铜高于 15% 和含硫化物较高的物料的例子，经过搅拌的金属熔体含 20%Cu、72.8%Ni、2.37%Fe、0.95%Co 及 2.98%S，用水淬法剧烈骤冷。一氧化碳压力在 6.89MPa 和温度在 166℃ 的条件下处理，镍的回收率为 95%。

4.3.3.5 派特兰精矿试验结果

本例为采用派特兰精矿（Pentlandic-Comcentrate）熔炼后获得的高硫化镍。其成分为：25%Ni、34%Fe、0.85%Co 及 33%S，其平衡余量为少量的铜及其他杂质。用这种原料在转炉中进行熔炼，直到冰铜中含 1.09%Fe、23.5%S，然后用氧气吹炼以脱去所有的铁及差不多所有的硫化物，得到的金属镍熔体最后含硫化物 0.57%。当熔池的温度为 1635℃ 时，用高压水进行雾化，金属颗粒在骤冷条件下迅速凝固，以获得含硫化物 0.57% 的金属镍颗粒。金属镍颗粒在 134℃、CO 压力为 5.4MPa 下处理 16h 时，羰基合成率达到 97.7%。

4.3.4 羰基镍络合物的蒸馏及热分解

经过冷凝的羰基镍络合物液体中，含有一定数量的羰基铁络合物。混合液体用泵打至精馏塔，通过精馏获得 99.998% 的超级纯度的羰基镍络合物。在精馏釜的底部积累羰基镍络合物和羰基铁络合物的混合液体（一般羰基铁络合物：羰基镍络合物＝7∶3）。在精馏过程中，一小部分羰基镍络合物蒸汽在冷凝器中变成液体。液体羰基镍络合物经过蒸发进入分解器，分解成镍和一氧化碳。一氧化碳气体经过处理后被循环使用。

镍丸分解器的原料是精馏塔的顶部排出的高纯羰基镍络合物蒸汽，它在进入镍丸炉的反应室之前，已被一氧化碳稀释（混合气体中，含有羰基镍络合物气体为 15% 左右）。在反应室里它与经过预热并缓慢下降的镍颗粒相遇，羰基镍络合物被分解成金属镍和一氧化碳气体，而镍不断地沉积于镍丸的表面，镍丸在镍丸炉中不断的循环长大，使之增大到所要求的尺寸并放出作为成品出售。

　　INCO 加拿大国际镍公司，共有 17 台镍丸炉（10t/d），10 台镍粉炉（5t/d），1 台铁-镍丸炉（4.5t/d）。加拿大国际镍公司，铜崖（Copper-Cliff）羰基法精炼镍工厂，每年生产镍丸 45500t、生产镍粉 9100t 及铁-镍混合粉 2400t。

4.3.5　铜崖（Copper-Cliff）精炼厂羰基法精炼镍工艺的解析

　　铜崖（Copper-Cliff）羰基法精炼镍工艺的突破，实际上是卡尔多转炉冶炼铜-镍合金的骤冷水雾化和转动合成釜这两项新技术。全面地解析铜崖（Copper-Cliff）羰基法精炼镍工艺，使得我们更彻底的了解新工艺的特点。

　　以前，无论是常压羰基法精炼镍，还是高压羰基法精炼镍的工艺，所使用的含镍原料都是颗粒状或者是块状。大块原料粉碎到一定粒度，不但工序长，而且还污染环境。利用卡尔多转炉冶炼和骤冷水雾化制备颗粒状羰基合成原料，不但方便而且又廉价。新工艺也意外的收获了羰基合成原料的活性，具有高活性的羰基合成原料的获得，不但大大地降低羰基合成的压力，而且也提高了羰基合成反应的速度。

4.3.5.1　铜-镍合金的骤冷凝固是获得活性的关键条件

　　将含有被控制的少量硫化物和少量铁的熔融状态的镍或镍-铜合金，用骤冷方法使其合金颗粒快速冷凝。在合金中的硫化物来不及扩散的情况下，已经成为固体，以确保固化后合金中所含的硫化物，尽可能保持在凝固前熔体中那样的密度及均匀地分布，避免硫化物在固体中偏析。这样制取的活性铜-镍合金原料，可在较低的大气压下，非常容易和一氧化碳发生反应而生成羰基镍络合物。如果说骤冷是获得活性的必要条件，那么原料中的硫化物的含量及分布是获得活性的充分条件。钢铁研究总院羰基化实验室，对具有一定硫含量的 Cu-Ni 合金，经过水雾化制备的颗粒中，硫化物的含量多少以及硫化物在 Cu-Ni 固溶体中的均匀分布状态，对合金羰基合成的活性影响进行解析。

4.3.5.2　合金颗粒中硫化物含量及硫化物的分布是获得活性的基础

　　(1) Cu-Ni 固溶体中硫化物的分布对于原料的活性的影响。经过水雾化后的 Cu-Ni 合金颗粒中，硫化物的含量多少以及硫化物在 Cu-Ni 固溶体中的均匀分布状态，决定了 Cu-Ni 合金在羰基反应过程中的活性大小。如果经过水雾化后的 Cu-Ni 合金颗粒中，硫化物的分布像在熔融体中的那样均匀分布时（实际上是不可能达到的，只是一个理想状态），那么水雾化后的 Cu-Ni 合金就会获得极高的羰基镍络合物合成反应的活性。无论是对于加速羰基镍络合物合成的速度或者是提高羰基合成率都起着关键性作用。

　　影响 Cu-Ni 合金羰基合成反应因素很多，它不仅与反应的温度和 CO 压力密切相关，而且还与原料的物理状态、化学成分以及物相组成有直接的关系。现就

Cu-Ni 固溶体中的硫化物存在状态对于羰基镍络合物合成的影响进行讨论。

（2）硫化物的连通网状分布为羰基合成反应提供"双向通道"。Cu-Ni 合金熔体在高压、低温水雾化中，严格控制颗粒的大小及粒度的分布范围，通过骤冷使得硫化物在 Cu-Ni 合金颗粒中呈现细丝状、连续的、均匀的连通网状的分布。这种硫化物具有疏松结构，为高压的 CO 气体向合金颗粒的内部扩散；合成反应产物羰基镍络合物 [Ni(CO)$_4$] 从镍表面上脱附下来，并使得 Ni(CO)$_4$ 气体从 Cu-Ni 合金里向颗粒外扩散，提供了四通八达的"双向通道"，为加速 CO 气体在镍的表面上进行的物理和化学吸附以及羰基镍络合物产物的脱附交替进行创造条件，这样羰基成反应就不断地进行下去。通过实验证实：凡是硫化物在合金颗粒中呈现均匀的连通网状分布，不但合金的羰基合成反应速度快，而且镍的羰基合成率也高，最高可以达到 99.5%，见表 4-4。

表 4-4 硫化物在合金中呈均匀连通网状分布的羰基合成情况

序号	化学成分/%					合成条件			镍的合成率/%
	Ni	Cu	Fe	Co	S	压力/MPa	温度/℃	时间/h	
1	64.1	16.8	4.4	1.0	3.5	7~10	120~150	24	99.5
2	77.2	9.51	4.80	1.37	2.55	6~8	120	24	99

例如，羰基合成采用水雾化 Cu-Ni 合金颗粒 0.5~2.0mm 为原料时，硫化物在合金中呈均匀连通网状分布。即使在 6~8MPa 较低的压力下，羰基镍络合物合成反应速度进行得非常快。在羰基合成反应过程中的前 10h，合金中的镍羰基合成率达 65%~75%；在 24h 的合成过程中羰基合成率达到 99.5%（见表 4-4）。从对羰基合成后的残渣分析中明显地看到：原来致密的 Cu-Ni 合金颗粒，已经变成以镍的硫化物为主的多孔海绵状；由于留下的硫化物骨架具有一定的强度，所以在羰基合成反应结束后，绝大部分 Cu-Ni 合金颗粒的物理形状没有改变。从图 4-19 和图 4-20 所示的残渣扫描图像中看到：Cu-Ni 合金颗粒中，镍基固溶体中的镍变成羰基镍络合物，原来镍存在的地方变成空穴，只留下硫化物及颗粒表面的氧化物支撑颗粒的骨架。

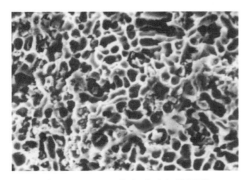 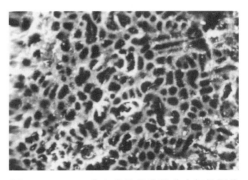

图 4-19 Cu-Ni 合金残渣扫描图像　　图 4-20 Cu-Ni 合金残渣硫化物分布扫描图像

（3）硫化物不构成连通的网络通道对羰基镍络合物合成速度的影响。虽然硫化物在 Cu-Ni 合金颗粒中分布得比较均匀。但是，硫化物线的网络通道不全是四通八达的通道（如图 4-21 和图 4-22 所示），这种不连通的通道一定会影响羰基镍络合物的合成速度及合成率。例如：羰基镍络合物合成原料颗粒为 2.0 ~ 3.0mm，硫化物在合金中比较均匀分布，但是网状通道连通差。即使在 8 ~ 15MPa 较高的压力下，羰基镍络合物合成反应进行的速度不及表 4-4 中原料的羰基合成反应速度。羰基合成反应在 24h 内，羰基镍络合物合成率也只能够达到 95% ~ 97%，见表 4-5。

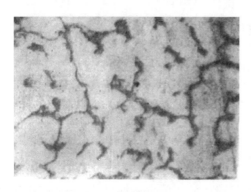

图 4-21　Cu-Ni 合金中
硫化物不连续分布（×1250）

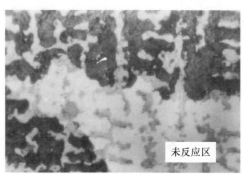

未反应区

图 4-22　羰基反应与
未参加羰基反应的对比（×1700）

表 4-5　硫化物线不是连通的通道对于羰基镍络合物合成的影响

序号	化学成分/%					合成条件			镍的合成率/%
	Ni	Cu	Fe	Co	S	压力/MPa	温度/℃	时间/h	
3	67.24	17.32	3.50	1.32	3.15	8 ~ 10	150	24	95.6
3	67.24	17.32	3.50	1.32	3.15	10 ~ 15	150	24	97.0

（4）硫化物在 Cu-Ni 合金颗粒中呈不均匀分布。当 Cu-Ni 合金颗粒为 3 ~ 5mm 时，由于雾化的合金颗粒比较大，在合金颗粒的芯部冷却速度不够，因此产生硫化物在合金内部偏析，不能够形成均匀的连续网状分布（如图 4-21 所示）。即使再提高 CO 的压力，甚至达到 18MPa 的压力下，羰基合成反应时间增加到 48h，而羰基镍络合物合成率也小于 95%（见表 4-6）。合金颗粒内芯部固溶体中的一部分镍没有被羰基合成（图 4-22 灰色部分为没有羰基合成的合金）。因此，在强调控制水淬冷凝速度的同时，也要考虑到合金的颗粒尺寸，颗粒尺寸过于大时淬不透，硫化物会产生偏析，降低了 Cu-Ni 合金颗粒的羰基合成反应的活性。

表 4-6 硫化物在合金中呈不均匀分布对于羰基镍络合物合成的影响

序号	化学成分/%					合成条件			合成率/%
	Ni	Cu	Fe	Co	S	压力/MPa	温度/℃	时间/h	
4	76.9	8.03	4.20	1.0	3.92	15~18	150	48	94.0
4	76.9	8.03	4.20	1.0	3.92	10~15	150	48	92.0

（5）Cu-Ni 合金中硫化物的网络结构增加 CO 与镍的接触面积。由于 Cu-Ni 合金水雾化过程中，熔体被急剧冷却。硫化物来不及聚集就被固定在凝固的颗粒中。合金中硫化物的量是一定的（见 X 物相分析结果），冷却速度越快则硫化物的丝越细，网状越密集。此时，颗粒中的固溶体被硫化物网状结构分割成无数个小块，大大地增加了固溶体中的镍所暴露的表面。所以，在羰基合成过程中，高压 CO 气体通过疏松的硫化物通道向合金颗粒内部渗透，迅速到达被网状结构切割成无数个微小固溶体中镍的表面，大大地增加了 CO 与镍的接触面积。羰基镍络合物合成反应在颗粒内部的镍表面全面开花。随着羰基合成反应的继续，在以硫化物线为中心"管道"周围的镍不断的消耗而减少，使得"管道"直径不断地扩大，这样就进一步加速 CO 向颗粒内部渗透，同时也增加 $Ni(CO)_4$ 产物向颗粒外扩散速度。通过对残渣的分析，原料硫化物直径大约在 $1~3\mu m$，羰基合成后以硫化物为中心的空隙直径可达到 $7~12\mu m$。因此，CO 的吸附和 $Ni(CO)_4$ 产物的脱附过程迅速进行，不但羰基镍络合物合成反应速度进行得非常快，而且羰基镍络合物合成率也非常高。在羰基合成的实际反应中，刚开始时羰基合成反应速度很慢，以后慢慢加速合成反应，就是这个道理。从羰基合成反应后所留下的硫化物（主要是硫化铜）的骨架（如图 4-23 和图 4-24 所示），更说明硫化物通道对于羰基合成反应的重要作用。

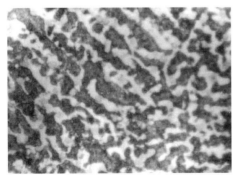

图 4-23 固溶体中镍羰基
反应情况（×700）

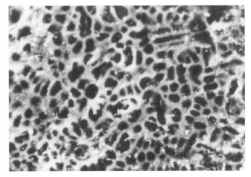

图 4-24 Cu-Ni 合金羰基合成后残留
硫化铜扫描图像（×510）

（6）Cu-Ni 合金中硫化物的网络结构抑制"汽相羰基镍络合物饱和带"的形成。

羰基镍络合物合成反应在 Cu-Ni 合金颗粒内部进行的过程中，控制羰基镍络合物合成反应速度的关键步骤是羰基镍络合物分子从镍的表面脱附而进入气相中的速度。特别指出：当羰基镍络合物合成反应在 Cu-Ni 合金颗粒的内部进行得非常激烈时，瞬间产生大量的羰基镍络合物并吸附在镍的表面。由于生成的羰基镍络合物产物不容易从颗粒内部扩散出去，羰基镍络合物产物就在镍表面越集越多，羰基镍络合物气体在镍表面的吸附与脱附处在动平衡状态，使得镍表面形成一个"汽相羰基镍络合物产物饱和带"。它不仅阻止 CO 分子到达新鲜的镍的表面，而且也阻止 $Ni(CO)_4$ 分子从镍表面上的脱附，致使羰基合成反应速度迅速下降，甚至羰基镍络合物的合成反应完全停止。而此时在 Cu-Ni 合金颗粒中的硫化物连通网络结构，为产物向颗粒外部空间扩散提供无数的通道，增加羰基镍络合物分子向颗粒外扩散的速度。当羰基合成反应不断进行时，硫化物通道表面的镍不断地被消耗，通道的直径逐渐扩大，通道越来越通畅，使得羰基镍络合物分子向外扩散也越来越容易。这样在镍的表面就不能够形成一个"汽相羰基镍络合物产物饱和带"，加速羰基镍络合物合成反应。硫化物的网络结构只是提供一个进出通道，而实际上提供扩散动力源是来自于反应釜内部不断变化的压力差。随着羰基镍络合物合成的进行，CO 气体的不断消耗，使得反应釜内压力下降；又有新的 CO 气体补充到反应釜，使得反应釜内部压力增加；再加上产物不断地从反应釜中放出，造成 Cu-Ni 合金颗粒内部与颗粒外部的压力差及浓度差（颗粒内外的 CO 压力交变；$Ni(CO)_4$ 饱和蒸气压的交变以及 CO 和 $Ni(CO)_4$ 浓度的交变），为 CO 向 Cu-Ni 合金颗粒的内部扩散和羰基镍络合物气体向 Cu-Ni 合金颗粒的外部扩散提供动力来源，这就导致 CO 气体及 $Ni(CO)_4$ 的反向扩散的动力。恰好，颗粒内部不断扩大的网络通道，为扩散提供了方便条件，破坏了镍表面所形成的"汽相羰基镍络合物产物饱和带"。

4.4　高压羰基法精炼镍技术[1,3,4,8,9]

4.4.1　高压羰基法精炼镍简述

二次大战前，德国的巴登苯胺和苏打公司（BASF），是世界上第一个采用高压羰基法精炼镍的工厂，德国 BASF 利用高冰镍、含有镍的废料及其他残留镍的阳极泥为原料，但是使用之前需要调整原料中的铜-硫成分比例。原料中的硫化物含量，足以满足使得硫与铜结合生成 Cu_2S，同时还有一部分硫与铁结合。然后将镍冰铜破碎到一定尺寸的块度，在高压反应釜中进行高压羰基合成。CO 压力为 30MPa、温度为 200℃、合成时间为 3 天，原料中镍的合成率达到 95%。铜、钴及贵金属依然保留在残渣中。获得的羰基混合物经过精馏后除铁，再将羰基镍络合物气体输送到热分解器，生产羰基镍粉末。

硫化矿物中的镍常和铁、钴及铜共生。高压羰基法可以同时从精矿及冶金中间产物中提取镍、钴和铁。高压羰基法，除了能直接提高羰基镍络合物合成反应速度之外，又能够保障羰基络合物在高压状态下更为稳定；高压羰基法允许羰基镍络合物合成反应，在较高的温度下进行；高压羰基法还简化了将羰基物冷凝成液体的操作。液态的羰基物可以很容易地采用分馏法加以净化，再分解成金属和一氧化碳。

此法能经济地处理含铁、钴和铜较高的各类含镍物料，如：能够从原矿、冰铜、金属中间产品、半精制产品、精炼残渣、烟尘和碎屑中同时回收这些金属。20 世纪 50 年代，俄罗斯北方镍公司采用高压羰基法精炼镍技术，CO 压力为 20~22MPa、温度为 180~200℃、合成时间为 4 天，原料中镍合成率达到 95%。中国于 1965 年开始采用高压羰基法精炼镍，使用的原料为电解镍粉和湿法冶金制取的元宝镍。

4.4.2　原料的准备

可以作为高压羰基法合成羰基镍络合物的原料有：浇铸镍阳极板产生的渣料（飞溅渣料）、颗粒化的阳极镍、高冰镍浮选时获得的磁性合金部分以及其他含镍类似的原料。

研究表明：原料中的镍、铁及钴是以硫化物的形式存在于原料中，通过焙烧脱掉大部分的硫。原料中留有一定比例的硫（硫的含量与铜的比例为 1∶4）。在经过还原处理后，就获得活性金属状态的镍，具有活性的镍原料，才是能够进行合成羰基络合物的必要前提。

高压的一氧化碳与镍的硫化物，在一定条件下合成羰基镍络合物的反应虽然也是可能的，但是羰基合成反应进行得非常缓慢。因此，原料的制备包括镍转化为金属的工艺过程，这个过程可以在吹炼时，使得高冰镍过吹或者将高冰镍进行氧化焙烧及还原获得金属镍。

原料的粒度，对于高压合成羰基镍络合物，具有极其重要意义。因为一氧化碳气体在高压力下与固体含镍的物料进行反应；在高压下 CO 气体与高冰镍进行羰基合成反应后，经过显微镜对残渣高冰镍的观察研究表明：高冰镍的颗粒内部不能够完全进行羰基合成反应，因为一氧化碳气体向纵深扩散非常困难，所以控制高冰镍的合适粒度是非常关键的。实验表明：高冰镍的粒度大于 30mm 以上的颗粒是不准许的，因为粒度太大羰基合成不完全；颗粒在 1~5mm 的情况下也是不能够接受的，因为粒度太小物料在反应釜中堆积得太密实，增加 CO 气体扩散阻力。所以高冰镍原料的粒度，一般控制在 10~30mm，球团原料为 25mm×25mm。上述的原料必须制成球团，否则会影响循环反应的气体的通过，导致羰基合成进行缓慢。

在原料中含有的镍、铜、铁、钴、硫、铂、钯、硒、碲等元素，除了镍之外，还有铁、钴、碲元素能够生成挥发性羰基络合物。但是，大量的试验证明：在高压条件下，羰基镍络合物的生成反应速度，远比羰基铁络合物及羰基钴络合物生成反应的速度既迅速又完全。根据这个结果，在高压合成过程中，可以优先合成羰基镍络合物，而使得没有能够完全生成羰基络合物的铁与钴（80%～85%）残留在残渣中。

4.4.3　高压羰基法精炼镍工艺流程

高压羰基法合成羰基镍络合物的工艺流程，主要由3个工序组成：高压的一氧化碳气体与原料中镍羰基合成反应；羰基混合物（羰基镍络合物+羰基铁络合物+少量羰基钴络合物）的精馏；羰基镍络合物的热分解制备镍丸和粉末及回收CO气体。辅助工序是原料的准备，包括合金原料及一氧化碳气体的制备。

4.4.3.1　高压反应釜加料及冲洗

将原料装入高压反应釜中（如图4-25所示），高压反应釜是一个低碳合金钢整体锻造的筒体，里面衬有不锈钢板材，筒体的上部和下部有法兰及盖板。加料口及排料口设有遥控启闭机构。在加料口结构设计中，都设置有密封及传动部件（减速结构）。反应釜外面有保温层，保温层外面是薄钢板。反应釜设有3个热电偶测温点，用于测量反应釜内的空间温度。

在羰基镍络合物合成之前，羰基合成系统的高压段要用氮气进行冲洗，以排出反应釜内及管道内的空气。高压系统彻底赶完高压釜内部空气后，再往高压釜加30MPa的氮气用来试漏，以确定每一个接触件的密封性达到设计安全标准。而后将氮气放出，残留的氮气用一氧化碳气体赶出。一氧化碳气体及氮气的混合气体燃烧后排入大气。经过反应气体CO清洗后，高压段的压力升到10MPa，此时接通压缩机及反应气体的加热设备，由于循环压缩机的作用，气体在高压系统中保持不断地连续循环。

4.4.3.2　高压羰基镍络合物合成的操作

贮存在贮罐中的一氧化碳气体，是利用高压机加压到32MPa，输送到高压贮气罐中。一氧化碳气体进入高压反应釜之前，首先进入热交换器中将CO气体加热到80℃。它是借助于从反应釜里出来的具有较高温度的混合气体进行热交换来加热的，然后是在加热器中利用水蒸气继续加热CO气体使得温度到220℃。被加热的一氧化碳气体从高压反应釜的底部进入反应釜，CO与原料中的镍进行合成反应，生成羰基镍络合物并释放出大量的热。在羰基镍络合物合成的反应过程中，高压釜内部急剧升温，当反应釜的温度达到200～220℃时，反应釜中的

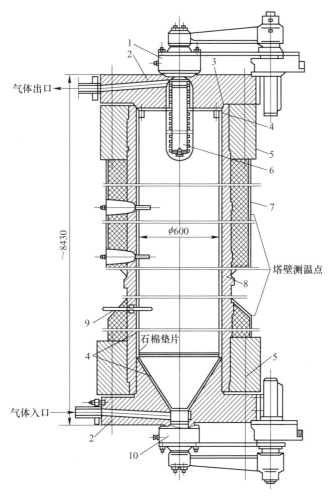

图 4-25 高压反应釜

1—装料机构；2—釜盖；3—垫圈；4—不锈钢内衬；5—法兰；
6—除尘器；7—保温层；8—釜体；9—测温点；10—卸料机构

CO 气体的压力逐渐上升到 25MPa。所以，在操作过程中要严格的控制逐渐升高的温度及压力，避免超过设定的限制。在羰基合成反应处在高潮时，由于一氧化碳气体与新鲜活性镍发生激烈的合成反应，并伴随产生大量的热导致高压釜内的温度会急剧上升。当反应釜的温度高达 ≥250℃时，高压反应釜中的羰基镍络合物会分解 [$Ni(CO)_4 \rightarrow Ni+4CO$] 出新生态的活性镍。高压反应釜中的 CO 气体在金属镍催化作用下，一氧化碳分裂成二氧化碳气体的反应（$2CO \rightarrow CO_2 + C$）便开始激烈地进行，大量的一氧化碳气体被破坏生成二氧化碳，同时又游离出炭黑。不但使得反应釜内一氧化碳浓度迅速下降，而且炭黑沉积在镍的表面上，阻止一氧化碳气体在镍表面接触并进行吸附，导致羰基镍络合物合成反应速度急剧下降，甚至合成反应被迫停止。因此，当高压反应釜内压力<10MPa 时，反应釜的中部温度不能超过220℃。

从高压反应釜排出的 CO 气体和羰基镍络合物蒸汽的混合气体，依次通过多个网状过滤器后进入热交换器。热交换器的壳体结构与高压反应釜相似，热交换器的内部是管状结构，混合物气体在管子内流过。热交换器的作用是：将从高压反应釜排出来具有高温的混合气体（羰基镍络合物蒸汽和一氧化碳的混合气体）与准备进入高压釜进行羰基合成反应的常温一氧化碳气体进行热交换。从高压反应釜出来的混合气体温度大约为220℃，经过除尘器后，从热交换器的上面进入管子里，将所带出的反应热，传递给在管子之间从下而上流动的参加反应的一氧化碳气体。被加热的一氧化碳气体从热交换器的底部进入，沿着螺旋线方向由下往上运动，从而保证气体在运动中与铜管有充分的热交换。此时，一氧化碳气体的温度上升到80~100℃左右。在热交换器中利用混合气体放出的热量，来加热准备参加羰基镍络合物合成反应的一氧化碳气体，远远达不到所需要的温度。由于在高压羰基合成工艺中，循环的一氧化碳气体在进入高压反应釜之前一定要达到200℃以上。所以，在热交换器中被加热的 CO 气体依次进入加热器继续加热，当一氧化碳气体被加热到220~250℃后，一氧化碳气体才进入高压反应釜，进行羰基合成反应。

4.4.3.3　羰基镍络合物的收集

经过热交换器冷却到150℃的混合气体（一氧化碳气体及羰基镍络合物蒸汽）进入冷却-冷凝器（如图 4-26 所示），冷却-冷凝器是一个套管式结构，并且管子带有一定斜度，以便将冷凝液体流出来。带有羰基镍络合物蒸汽的混合气体在管子里边流动，冷却水在外夹套管循环。由于混合气体在冷却-冷凝器中温度降到10~15℃，所以羰基络合物的混合物 [$Ni(CO)_4 Fe(CO)_5 Co_2(CO)_8$] 被冷凝分离出来。由此可见，原始羰基镍络合物的冷凝是在高压下进行的，在高压状态下实现这个过程，避免由于羰基镍络合物分解产生出来的镍粉末堵塞高压管道。因为镍粉末是在降低压力下产生的，压力降低使得羰基镍络合物分解反应的平衡向着生成金属的方向进行。液体的羰基镍络合物被收集在高压收集分离器中，当羰基镍络合物蒸汽从混合气体中被分离出来后，剩下的一氧化碳气体通过过滤器后进入循环压缩机，加压到15~20MPa 后，通过过滤器（分离油）、热交换器、加热器再回到高压反应釜中。

镍的羰基镍络合物合成率为96%~98%，而且铜、贵金属、硫、钴及铁的大部分残留在固体残渣中。

液体的羰基镍络合物在一氧化碳处于25.33MPa 的条件下，能够溶解大量的 CO 气体（每1L 羰基镍络合物液体可以溶解150L 一氧化碳气体）；当系统的压

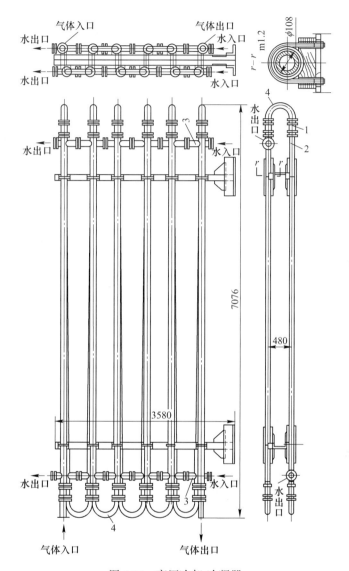

图 4-26 高压冷却-冷凝器
1—管子 76×12；2—管子 108×4；3—管子 89×4；4—管子 76×12

力下降时，CO 气体会从羰基镍络合物液体内部迅速激烈地逸出，引起液体的羰基镍络合物类似开水沸腾产生大量的雾滴被气流带走。为了避免这种现象的产生，高压系统的压力降要依次的缓慢进行。目前的工艺是分为三段依次进行降低系统压力。首先是混合气体进入第一段气液分离器，液体的羰基镍络合物从25MPa 高压系统进入到第一段气液分离器，由于分离器的容积较大，所以压力很快下降，羰基镍络合物液体在第一段分离器的贮存器中短暂停留并压力下降至

8~10MPa；经过第一段分离器羰基镍络合物沉降后（雾滴沉降），羰基镍络合物被输送到第二段气液分离器中，压力下降到 2.5~5MPa；经过在这里沉降后，液体的羰基镍络合物被输送到第三段气液分离器，压力下降到 ≤0.5MPa，到此基本上将由于 CO 气体逸出形成的羰基镍络合物的雾滴大约有 95% 的雾滴收集为液体。低压的羰基镍络合物液体输送到贮液槽中准备精馏。羰基镍络合物的混合气体系统在经过三段减压后大部分羰基镍络合物已经液化，但是在低压状态中从羰基镍络合物液体中析出的 CO 气体，在减压过程中依然有羰基镍络合物雾滴和气体混合在 CO 气体中。为了尽量将产物彻底地收集，一氧化碳气体要经过进一步冷凝与羰基镍络合物分离。此时回流的 CO 中羰基镍络合物气体含量已经降到设计标准，通过水封的闸门进入贮气罐中，经过循环压缩机加压后再进入循环系统。

高压羰基合成处理结束后，系统要进行冷却，参加反应的 CO 气体从系统中排入贮气罐，残留的气体利用氮气驱除经锅炉燃烧，收尘后排空。羰基合成后的残渣从反应釜底部排料口排出，输送到下一个工序提取铜、钴及贵金属。

采用高压合成羰基镍络合物的工艺，包括毒性大的羰基镍络合物及一氧化碳系统，要特别注意劳动保护措施。特别是高压下进行的所有的工程，要全部实现自动化及遥控。

4.4.4　高压羰基法精炼镍工艺中的气体循环及参数设定

高压羰基法精炼镍的工艺中，在高压合成羰基镍络合物系统中，采用 CO 循环技术无疑是个革新，它不但能够较大幅度的缩短每一釜的反应周期，还提高了羰基镍络合物的合成率及生产效率。

但是，在过去沿用国外工艺时，却发现高压循环工艺确实存在一些问题。如：有的存在循环压缩机入口与合成系统连接的位置设计不合理；有的是循环介质参数不正确（循环压机入口压力、温度及羰基镍络合物浓度等）；也有存在操作不规范，达不到预想的效果。依据羰基镍络合物合成工艺的技术特点、羰基镍络合物的性能及实验室的实际试验结果，给出高压羰基法精炼镍工艺中 CO 气体循环的参数、循环参数的设计依据及实际操作经验。经过改进后的 CO 循环新工艺也起到了明显效果。

4.4.4.1　高压羰基法精炼镍工艺中的 CO 气体循环

A　高压 CO 气体循环基于常压羰基法的原料互动工艺

从蒙德常压羰基法精炼镍的工艺流程的解析中，无论是最初塔式（还原塔、硫化塔、羰基合成塔）流程，还是 20 世纪 70 年代采用的回转窑工艺流程，我们不难看到该法的技术关键之一是原料的活性；之二是原料间的互动。含镍原料所具有的活性是羰基合成反应的充分且必要条件；而参加反应的活性固体原料与CO 气体原料间的互动，则是加速羰基合成反应的助推剂。只有两者结伴而行才是最佳组合。

再看 Cupper-Cliff 精炼厂采用的是中压羰基法精炼镍工艺，采用转动合成釜新技术，这种转动釜实际上是在常压回转窑技术基础上发展出来的。当解析它的全部过程后，就会大悟转动釜的真谛，它实际上就相当于可以承受高压的合成回转窑，原料之间的互动与常压合成一模一样。Cupper-Cliff 精炼厂采用 CO 气体循环技术，这种循环是属于大循环，从羰基镍络合物合成开始到羰基镍络合物热分解回收 CO 气体，经过除尘除渣后在输入羰基镍络合物合成反应器进行合成反应。

在整个羰基法精炼镍的工艺过程中，CO 气体就是一个载体，它如同运输的卡车装了又卸下，卸了又装重复不止。只要有参加反应原料之间（活性镍和 CO）的互动，才能够使得参加反应的物质充分地接触，为两种元素的合成反应提供条件。所以，在羰基镍络合物合成反应中动态羰基合成是有益的。

但是在高压羰基法精炼镍工艺中，采用一氧化碳气体高压循环，它是将从高压反应釜出来的混合气体 $[CO+Ni(CO)_4]$ 经过冷凝后分离出来的一氧化碳气体，通过循环压缩机加压后进入高压釜，参加羰基合成反应。高压气体循环不但更加有效地利用一氧化碳气体，而且对于节约能源及环境保护更有利。

B 高压羰基镍络合物合成系统中的 CO 气体循环的效果[3]

高压羰基镍络合物合成系统中的 CO 气体循环，是指从高压合成釜中排出的混合气体，经过冷凝、气液分离、逐步降压后，将携带少量羰基镍络合物的 CO气体返回到高压合成釜中的过程。因为在固定合成釜的工艺中，原料是固定在合成釜中不动。在没有循环羰基合成系统中，间断式的往合成釜中加入 CO 气体，待羰基镍络合物合成反应进行到一段时间后，合成釜内的羰基镍络合物产物积累到足以阻止反应进行时，才开始排放产物。然后再重复操作，间断操作合成速度很慢，但是通过 CO 气体在羰基合成系统中带压力循环，不但可以加速羰基合成反应速度，降低每一釜原料的合成反应周期，而且还能够提高镍的羰基合成率。从钢铁研究总院羰基实验室高压羰基法精炼镍的 CO 气体循环工艺实验中，在10L 的高压反应釜装入 15kg 合金原料，一氧化碳气体压力为 10MPa。当采用间接式充气合成时（CO 气体压力降到 5MPa 时，再加入 CO 使压力升到 10MPa），合成率达到 95% 时需要 48h，而采用高压气体循环式合成只需要 30h。通过实验已经获得 CO 的循环速度，循环气体的压力，循环气体温度及循环范围等因素对于羰基合成的影响规律，从而确定了高压合成工艺中 CO 循环条件的控制技术。

4.4.4.2 CO 气体循环的作用

A   反应釜内合成产物被连续地从反应系统中移出

当羰基镍络合物产物被及时地从反应系统中移出后，高压反应釜内部的状态就会发生如下的变化：合成反应釜内羰基镍络合物蒸汽处在不饱和状态；有助于羰基镍络合物分子脱附及 CO 气体分子在镍表面上吸附的交替进行；高浓度及高压力的新鲜 CO 气体不断地被补充到反应釜中。这些状态的变化都是有助于羰基镍络合物合成反应。

(1) 降低反应釜中羰基镍络合物饱和蒸气压。不断地将产物从反应釜中排出，降低反应釜中羰基镍络合物浓度，使得羰基镍络合物合成系统中的羰基镍络合物气体始终处在不饱和状态，促使羰基镍络合物合成反应 [$Ni+4CO \rightleftharpoons Ni(CO)_4$] 往生成物方向进行。

(2) 有利于羰基镍络合物的脱附及扩散。由于反应釜内气体始终处在流动状态，刚刚从镍表面脱附的羰基镍络合物气体会随着流动的气流离开固体镍表面。在羰基镍络合物合成反应的气-固界面不能够形成羰基镍络合物气体的饱和层，非常有利于羰基镍络合物分子从镍表面上脱附并迅速地扩散到反应系统空间中，为新鲜的 CO 气体在镍表面上物理吸附提供机会，大大地加速羰基镍络合物合成反应速度。

(3) 防止羰基镍络合物在反应釜内的分解。因为羰基镍络合物化合物是非常不稳定的，在具有一定温度的条件下，羰基镍络合物极容易分解。通过气体循环能够将生成的羰基镍络合物及时地逸出高温区，防止羰基镍络合物在反应釜内分解。

B   保障合成反应始终处于一个恒定的压力

(1) 确保羰基镍络合物合成反应在高速下运行。在加压合成羰基镍络合物的反应中，提高反应釜内的 CO 气体压力，可以加速羰基镍络合物合成速度。设定一个既能够保障设备安全运行，又能够加速羰基镍络合物合成反应的压力值是非常重要的。当反应釜内压力设定后，将循环压机的出口压力调到高于高压釜反应压力 0.3~0.5MPa，循环压机能够保障反应系统维持一个较为恒定的压力值，确保羰基镍络合物合成反应在一个较为恒定压力的高速度下运行。合成率达到 95% 时，时间由原来的 48h 降至 30h。

(2) 抑制由于压力的波动而产生逆反应。高压羰基合成不但合成反应速度快，而且获得的羰基镍络合物化合物稳定。但是，在没有循环系统的羰基镍络合物合成工艺中，CO 气体是间断式向反应釜里输送加压的。在间断式羰基镍络合物合成反应系统中，由于操作不当（反应釜排放产物过快或者向反应釜内补充 CO 不够及时等因素）反应釜内往往会出现压力与温度不相匹配的现象。该操作会造成反应釜中的 CO 气体压力，羰基镍络合物浓度及反应釜内部的温度都处在波动中。反应釜内瞬间出现的低压高温现象是导致羰基镍络合物分解的根源。此时，在反应釜内会出现一系列的连锁反应 [Ni(CO)$_4$→CO；CO→CO$_2$+C；Ni$_3$C]严重的影响羰基镍络合物合成速度。研究羰基镍络合物化合物稳定条件试验指出：羰基镍络合物在 50℃ 和 CO 压力为 0.2MPa；100℃ 和 CO 压力为 1.5 MPa；180℃ 和 CO 压力为 3.0MPa；250℃ 和 CO 压力为 10.0MPa 是稳定的。依据上述条件，恒定反应釜内部的 CO 压力的最大受益是抑制羰基镍络合物合成中逆反应的发生。

C 不断间断地向反应釜提供新的一氧化碳气体

在间断式的羰基镍络合物合成过程中，向反应釜内补充高压 CO 气体达到一定压力值时，停止向高压反应釜内输气。当羰基镍络合物合成反应消耗 CO 而使得 CO 压力降到一定值时，再向高压反应釜加压。这样的间断式操作，补充 CO 气体是有一定时间间隔的，时间间隔的长短完全取决于羰基镍络合物合成反应速度。带有循环系统的羰基镍络合物合成反应系统中的气体处于动态，不断有新鲜的 CO 气体供应，增加反应釜内的 CO 气体分压。高压反应釜内的 CO 气体的压力基本波动小，加速羰基镍络合物合成反应的速度。

D 高压釜内羰基合成参数容易控制

当在羰基镍络合物合成进入平衡状态时，CO 气体压力稳定后，羰基镍络合物合成速度、产物排出速度及羰基镍络合物合成反应的放热量都维持在波动不大的变化值中。整个羰基合成系统中的压力、温度参数非常稳定，便于工作人员操作。

E 保护设备

压力容器长期处在交变的应力作用下容易产生破坏，而高压反应系统处在恒压状态下，可以降低由于应力变化产生破坏的几率，延长高压设备的使用寿命。

4.4.4.3 高压合成工艺中气体循环存在的主要问题

目前，在高压羰基镍络合物合成工艺中，气体循环存在的主要问题有：气体循环的范围界限、气体循环中羰基镍络合物气体含量过高、气体循环量及循环次数不合理等问题。

A 气体循环的范围界限问题

从典型的德国 BASF（如图 4-27 所示）高压羰基法工艺流程和俄罗斯北方镍公司高压羰基法工艺流程图（如图 4-28 所示）中可以看到：高压循环系统中的混合气体从高压气液分离器回流，而高压分离器的内部压力仅次于热交换器的压力，依然处在高压状态。根据实验室的实际情况，正常工作时高压分离器的压力在3~5MPa。在此状态下，溶解在羰基镍络合物液体中的CO气体没有充分地逸出，大量的CO气体随着液体羰基镍络合物进入中压分离器，低压分离器最后被排放，造成很大的浪费。表4-7中列出CO压力在3~5MPa时在羰基镍络合物液体中的溶解。

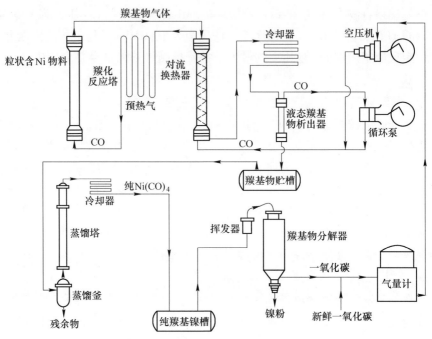

图 4-27 德国 BASF 高压羰基法工艺流程

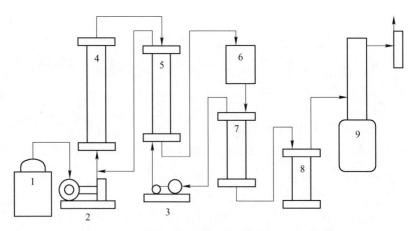

图 4-28 俄罗斯北方镍公司高压羰基法工艺流程

1—CO 气体贮罐；2—压缩机；3—循环风机；4—反应釜；5—热交换器；
6—冷凝器；7—气液分离器；8—液体羰基镍络合物贮罐；9—精馏塔

表 4-7　在压力作用下 CO 气体在羰基镍络合物液体中溶解

压力/MPa	4.3	3.3	3.1	3.1	3.0
溶解度/L·L⁻¹	206.9	179.9	170.2	174.8	174.1

B　循环 CO 气体中羰基镍络合物气体含量过高

高压循环下，CO 从羰基镍络合物液体中逸出时会产生大量的雾滴，雾状羰基镍络合物会随着 CO 循环到循环压机中，又将大量的羰基镍络合物气体带到反应釜中。一方面会增加反应釜中的羰基镍络合物浓度，导致降低羰基镍络合物合成反应速度；另外一方面也会出现羰基镍络合物的分解，进而导致一系列负反应的产生。

C　循环系统容易堵塞

由于循环系统中含有较多的羰基镍络合物，羰基镍络合物分解出的镍沉积在管道内壁，容易造成循环系统堵塞。

鉴于以上原因，目前高压羰基法工艺中，从气液分离器开始进行高压循环是不合理的。

D　循环次数和气体循环量问题

在高压合成工艺中，CO 气体的循环次数及循环量是依据原料量、合成速度来定的。给出一个合理的循环速度及循环量是必要的。

4.4.4.4　高压循环过程中应该遵循的原则

高压循环的 CO 气体，在循环过程中则要求：进入循环压机的 CO 气体低压、低温和低浓度，防止羰基镍络合物的分解。

A　进入循环压机入口的 CO 气体压力要低

要求进入循环压机入口的 CO 气体压力尽量低，其目的之一是将溶解在液态羰基镍络合物中的 CO 气体尽量逸出，避免造成 CO 气体的浪费及保护环境。另外，防止 CO 气体在高压状态下逸出产生云雾现象。这样就防止大量的羰基镍络合物返回反应釜。一般来说，从高压反应釜中出来的高压混合气体，经过冷却液化和多次降压至低压分离器后，溶解在羰基镍络合物液体中的 CO 气体已经降到最低，溶解的气体大多数都逸出。此时的 CO 气体中不但含有羰基镍络合物浓度低，而且混合气体温度也低。

B　进入循环压机入口的 CO 气体温度要低

根据羰基镍络合物的饱和蒸气压的计算公式：$\lg p = 7.690 - \dfrac{1519}{T}$（Андерсон）；温度是影响饱和蒸气压的唯一函数。所以，降低循环系统的温度能够有效地降低 CO 中的羰基镍络合物浓度。循环气体的低温状态可以抑制羰基镍络合物的分解，进而也能够防止 CO 气体在循环过程中不被破坏。因为温度高时羰基镍络合物分解出的超细镍粉末的催化作用破坏 CO 气体，会出现 $2CO \rightarrow CO_2 + C$ 反应。该反应不但降低 CO 气体的浓度，而且游离 C 会吸附在镍的表面，减少活性镍吸附 CO 气体的表面积。

C   循环气体中羰基镍络合物的含量尽量低

如果循环返回到反应釜中混合气体的羰基镍络合物含量较高，则混合气体进入反应釜后，会增加反应体系中的浓度，进而使得羰基镍络合物合成反应的速度降低；另外，减少混合气体中羰基镍络合物的分解。按着循环气体进入循环压机入口的温度和压力计算，控制循环气体中羰基镍络合物浓度在低于 4% 左右。

D   依据羰基镍络合物合成反应阶段而设定循环速度

控制 CO 气体的循环速度是保障羰基镍络合物合成反应在高速度下进行。按着固定釜的合成工艺来说，高压羰基镍络合物合成可以分为五个阶段：合成反应的初级阶段、合成反应的高潮阶段、合成反应的中期阶段、合成反应的尾期阶段和合成反应的停止阶段（此时仍然有合成反应在缓慢地进行，当高压反应釜的压力变化<0.1MPa/h 时，其停止合成反应的结束参数）。根据羰基镍络合物合成反应的每一个阶段来调整循环速度。

根据固定高压合成釜的合成经验数据，高压羰基镍络合物合成过程的每一个阶段，循环次数是不同的。

4.4.4.5   CO 气体循环的工艺设计

A   高压气体循环的设计依据

（1）根据 CO 在液态羰基镍络合物中的溶解度确定循环压机入口压力。在压力状态下，CO 气体在液态羰基镍络合物中的溶解度随着 CO 气体的压力升高而增加。表 4-8 与表 4-9 给出 CO 气体在液体羰基镍络合物中的溶解度（由于数据是不同作者的实验数据，所以有所不同）。从表中可见：CO 压力为 1.1MPa 时，溶解度为 9.5L/L；CO 压力为 0.5MPa 时，溶解度为 14L/L。所以，循环压机的进口压力设定为 0.05MPa 为宜。

表 4-8   CO 在液态 Ni(CO)₄中的溶解度

压力/MPa	溶解度/L·L⁻¹	压力/MPa	溶解度/L·L⁻¹	压力/MPa	溶解度/L·L⁻¹
在 8℃时					
20.5	75.0	17.0	52.5	7.0	24.3
20.0	62.7	15.6	50.8	5.0	20.4
18.9	61.6	13.0	42.8	2.5	14.4
18.2	58.3	9.5	33.0		

压力/MPa	溶解度/L·L⁻¹	压力/MPa	溶解度/L·L⁻¹	压力/MPa	溶解度/L·L⁻¹
在20℃时					
31.0	132	16.8	67	9.0	42
30.8	124	16.0	68	8.5	38
30.5	120	15.7	64	8.2	40
28.0	120	15.3	66	7.0	33
27.0	118	15.1	64	6.0	32
25.5	106	15.1	63	5.9	25
24.0	104	13.0	59	5.4	25
23.5	104	12.5	52	4.5	22
22.5	98	10.8	44	3.6	21
20.4	83	10.1	45	3.0	16.3
18.5	78	10.0	43	2.5	15
18.2	76	9.8	45	2.1	12.3
18.0	76	9.5	40	1.5	9.7
17.2	75	9.5	40	1.1	9.5

表 4-9　CO 在液态羰基镍络合物中的溶解度

压力/MPa	溶解度/L·L⁻¹	压力/MPa	溶解度/L·L⁻¹	压力/MPa	溶解度/L·L⁻¹
在7.5℃时					
4.3	206.9	2.7	157.6	1.9	87.3
3.3	179.9	2.6	150.5	1.8	83.7
3.1	170.2	2.5	150.3	1.6	75.2
3.1	174.8	2.0	89.0	1.5	70.1
3.0	174.1	1.9	86.3	1.0	43.1
在17℃时					
4.1	169	2.2	87	1.55	59
4.0	174	2.175	88	1.4	53
4.0	179	2.175	85	1.0	35
3.8	160	2.15	84.5	1.0	37
2.85	119	2.15	89	0.8	26
2.3	97	2.1	81	0.75	25
2.3	90	1.6	57	0.75	26
				0.5	14

（2）根据羰基镍络合物的饱和蒸气压公式确定循环压机入口温度。按着下列公式可以计算出不同温度下羰基镍络合物的饱和蒸气压。一般将羰基镍络合物冷凝到零度时，羰基镍络合物的饱和蒸气压为 16.89kPa。所以，冷却气体的入口温度应该控制在 0~5℃ 之间为最佳选择。羰基镍络合物的饱和蒸气压，已经由很多研究者确定，建议使用下面的方程：

$$\lg p = 7.690 - \frac{1519}{T}(\text{Андерсон})$$

$$\lg p = 7.3550 - \frac{1415}{T}(\text{дьюар и джонс})$$

（3）根据实验数据确定循环气体中羰基镍络合物的稳定条件。羰基镍络合物在不同压力和温度下的稳定程度是决定循环压机出口压力和温度的依据。当循环压机的出口压力为 10~15MPa，温度为 <50℃ 时，羰基镍络合物是稳定的。防止由于羰基镍络合物分解所造成的管道堵塞，表 4-10 给出了羰基镍络合物在不同气氛及温度中的分解率。

表 4-10　羰基镍络合物在不同气氛及温度中的分解率

羰基镍络合物存在气氛	系统温度/℃									
	63	66	81	100	110	129	135	155	182	216
	羰基镍络合物分解率/%									
N	0.7~2.7	—	6.2	6.7~8.8	25.4	76.5	—	94.3	89	93
H	—	—	—	16.7	—	—	—	—	—	—
CO	—	0.15	—	0.4~0.6	4.4	5.4	72	88.8	88	99.7

试验指出：羰基镍络合物在 50℃ 和 CO 压力为 0.2MPa；100℃ 和 CO 压力为 1.5MPa；180℃ 和 CO 压力为 3.0MPa；250℃ 和 CO 压力为 10.0MPa 时是稳定的。依据上述条件，循环气体在循环压机的推动过程中是不会分解的。

由此看见，羰基镍络合物热分解的完全性，取决于反应区内排出的 CO 气体的排出速度。

由于热分解反应是吸热过程，所以温度升高，热分解速度增加；同时降低系统的压力将增加分解反应的速度。如：100% 羰基镍络合物蒸汽与 90% 的 CO 气体混合，在压力为 50mmHg[1] 下加热，混合气体加热到 100℃，需要经过几个小时才能够完全分解；当混合气体的压力增加到 100mmHg 时，需要加热到 130℃ 时才能完全分解；混合气体压力为 504mmHg 时，在 160℃ 下还有残留的羰基镍络合物蒸汽。

---

❶　1mmHg=133.322Pa。

羰基镍络合物的合成平衡及热分解常数列入表 4-11 和表 4-12 中。

表 4-11 羰基镍络合物的合成平衡常数 $\left[Ni+4CO\rightleftharpoons Ni(CO)_4\right]$

温度/℃											
20	25	30	50	70	100	150	200	250	300	350	400
常数的对数											
4.3	0.22 4.4	3.09	2.4	1.6	1.1 0.7 1.8	3.5 3.4 5.3	4.9	6.3	7.4	8.4	9.3

随着温度的升高，羰基镍络合物合成反应速度加快，而羰基镍络合物的分解速度也会增加，羰基镍络合物随着温度改变的分解量如表 4-12 所示。

表 4-12 羰基镍络合物的热分解平衡常数

温度/℃	17	35	62	69	73	79	90	98	129	182
分解量/%	0.0	0.1	0.3	0.8	11	19	26	58	85	98

B 高压气体循环的工艺流程

根据高压气体循环的设计依据，就能够正确的确定循环系统的入口和出口。循环压机的入口应该与图 4-29 中 9 低压气液分离器（0.1~0.3MPa）连接。具体的工艺流程如图 4-29 所示。

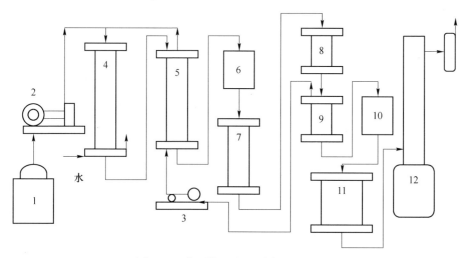

图 4-29 高压羰基法 CO 循环工艺流程

1—CO 气体贮罐；2—压缩机；3—循环压机；4—反应釜（釜底出口带冷却水套）；5—热交换器；6，10—冷凝器；
7—高压气液分离器（3MPa）；8—中压气液分离器（1.5MPa）；9—低压气液分离器（0.1~0.3MPa）；
11—液体羰基镍络合物贮罐（0.05MPa）；12—精馏塔

　　C　CO 气体循环参数的确定

　　(1) 循环方向。通常，高压羰基法精炼镍的工艺中，CO 气体的循环方向为从高压釜底部进入而从上部出。该循环方向的最大问题是 CO 气流将携带细小颗粒原料吹入管道，会造成堵塞；另外，已经液化的羰基镍络合物再汽化时导致分解。采用 CO 气体从高压釜上部入而底部出的循环方向，有益于高压羰基合成的高速度，缩短每一釜的合成周期。在高压羰基法精炼镍工艺中，高压反应釜的底部设置冷却水套，其目的是：使得羰基镍络合物气体迅速降温液化，增加羰基镍络合物在高压釜中的稳定性；羰基镍络合物气体冷凝变成液体后，合成系统中羰基镍络合物的分压迅速下降，有利于合成反应进行；减轻冷凝器的负担，使得羰基镍络合物气体高效液化回收；被 CO 所携带的细小颗粒容易被液态羰基镍络合物捕捉，再经过固液分离效果极佳。因此，CO 气体的正确的循环方向应该是：CO 气体从高压釜顶端进入，由底部排出混合气体。

　　(2) 循环压机的进口压力。在高压羰基法精炼镍工艺中，CO 气体在羰基镍络合物液体中的溶解度是随着循环系统的 CO 气体压力和温度而变化的，下面给出 CO 气体在羰基镍络合物液体中的溶解度。经过冷凝后的羰基镍络合物液体中溶解一定数量的 CO 气体，溶解的 CO 气体应该从液体中全部逸出，然后通过循环系统再回到反应釜中。按着高压合成羰基镍络合物工艺流程，混合气体从反应釜排出后，首先经过冷凝器将大量的羰基镍络合物气体凝结为液体，液体羰基镍络合物再放入高压分离器，高压分离器的压力控制在 3MPa，此时有一部分 CO 气体逸出；再将液体羰基镍络合物排入中压分离器，中压分离器的压力控制在 1.5MPa，最后液体羰基镍络合物排入低压分离器中，低压分离器的压力控制在 0.1~0.3MPa。所以，循环压机的入口压力应该控制在 0.1~0.3MPa。

　　(3) 循环压机的出口压力。将循环压机的出口压力调到高于合成釜反应压力 0.3~0.5MPa，循环压机能够保障反应系统维持一个较为恒定的压力值，确保羰基镍络合物合成反应在一个较为恒定的高速度下运行。

　　(4) 气体循环的温度控制。随着温度的升高，羰基镍络合物合成反应速度加快；而羰基镍络合物的分解速度也会增加，羰基镍络合物随着温度改变的分解量见表 4-13。

表 4-13　羰基镍络合物随着温度改变的分解量

温度/℃	17	35	62	69	73	79	90	98	129	182
分解量/%	0.0	0.1	0.3	0.8	11	19	26	58	85	98

　　根据以上数据，混合气体进入循环压机的温度应该低于 17℃。但是实践证明：混合气体在接近零度时，输送管道内壁仍然有镍的沉积。为了预防管道堵塞，进入循环压机的混合气体温度一般控制在 0~5℃为宜。

（5）气体循环次数控制。试验证明：增加 CO 气体的循环速度，能够提高羰基镍络合物合成反应速度，但是羰基合成系统中混合气体的循环速度达到极值后会出现拐点。在固定釜中高压羰基镍络合物合成高潮阶段，一般混合气体循环速度控制在 8~10 次/h。根据固定高压合成釜的合成经验数据，高压羰基镍络合物合成过程的每一个阶段，循环次数是不同的。表 4-14 中列出合成反应各个阶段的循环次数。

表 4-14　合成反应各个阶段的循环次数

高压合成阶段	合成反应的初级阶段	合成反应的高潮阶段	合成反应的中期阶段	合成反应的尾期阶段	合成反应的停止阶段
CO 循环次数/次·h^{-1}	3~5	8~10	5~8	3~5	停止循环

（6）循环气体中羰基镍络合物浓度控制。根据加拿大国际镍公司克里达奇精炼厂的报告数据，混合气体中羰基镍络合物气体的最高含量为 16%。一般正常生产时混合气体中羰基镍络合物气体浓度控制在 8%~12%（体积比）。所以，在高压羰基合成工艺中，循环气体中羰基镍络合物气体的浓度应控制在 4% 左右。

4.4.4.6　循环系统的安装调整及操作

A　循环压机安装及调试

循环压机的采购一定要按着设计要求的技术参数选型，绝对不能马虎。循环压机的数量要根据设计要求设置台数，每一台压缩机要并联到系统中。安装后，要严格进行气密性试验，每一段接头达到密封要求后才能并入生产线。在循环压机使用前，按着设计要求调好循环压机的进口与出口压力，利用氮气置换管道及循环压机内残留的空气，一切准备一定要达到使用状态。

B　循环压机在羰基合成工艺中的位置

循环压机在羰基合成工艺中的位置实际上是选择循环压机的入口连接处。按着循环流程设计图，循环压机的入口应该与低压分离器 9 连接，循环压机的出口应与热交换器 5 连接。

C　循环压机的选择

气体循环的动力是由循环压机提供的，试验证明：膜盒式压缩机是适合的，而活塞式压缩机不能使用。因为活塞式压缩机运转一定时间后需要放油，发现放出的油里含有羰基镍络合物。此类情况不但是压缩机安全运行的隐患，而且还污染环境；另外在压缩机活塞环及汽缸内有颗粒镍的沉积，降低活塞环的密封效果。

4.4.4.7　启动循环压机的条件

当高压 CO 气体开始向高压反应釜供气，反应釜内压力达到设定值后，停止向高压反应釜内供气，待到羰基镍络合物合成反应进行后，开启反应釜出口至液体羰基镍络合物贮罐（0.05MPa）的所有阀门，使得 CO 气体填充到每一个容器。此时开启循环压机，羰基合成系统的混合气体就开始循环了。

4.4.4.8 结论

（1）高压羰基法精炼镍的工艺中，CO 循环系统的设置有利于加速羰基镍络合物合成反应，降低每一釜的合成周期。

（2）CO 循环系统的参数设定（温度、压力等）是依据羰基镍络合物的物理及化学性质而定，不能够随意改变。

（3）羰基镍络合物合成反应不同阶段的循环次数，应该按照实际的合成反应状态而定。

（4）预防循环压机入口出现负压状态。

4.4.5 高压羰基法精炼镍典型的产业化工厂

4.4.5.1 德国巴登苯胺和苏打公司（BASF）高压羰基法精炼镍工艺

A 工艺流程特点

该公司采用高压羰基法，羰基合成压力为 25MPa；羰基合成温度为 200~220℃；周期为 3 天，镍的羰基合成率为 95%。高压羰基法使多数铁、钴被羰基化，为获得纯的羰基镍络合物要进行精馏，在精馏后的残渣中除钴。由于原料的供应不足，无法维持生产，所以公司于 1964 年关闭。图 4-30 所示为德国巴登苯胺和苏打公司（BASF）的路德维希港镍厂高压羰基法工艺流程。

B 原料

原料为铜镍冰铜（Ni：48%，Cu：38%，Fe：1%，CO：0.03%，S：10%），块度：20~25mm。

C 羰基化合成周期、合成率及产品

羰基合成周期为 3 天，镍的羰基合成率为 95%。产品为羰基镍粉末，产量为 6000t/a。

4.4.5.2 俄罗斯北方镍公司的高压羰基法精炼镍工艺[3]

A 工艺流程特点

原料来源于含镍的废料氧化镍、阳极泥等，原料（Ni：80%~85%，Cu：8%~10%，Fe：3%~5%，S：2%~4%，CO：2%）。羰基合成压力为 22.5MPa；羰基合成温度为 150~250℃；周期为 3 天；镍的羰基合成率为 96%。高压羰基法工程中部分铁、钴被羰基化，为获得纯的羰基镍络合物要进行精馏，精馏后的残渣中除钴。图4-31所示为俄罗斯北方镍公司的高压羰基法精炼镍工艺流程。

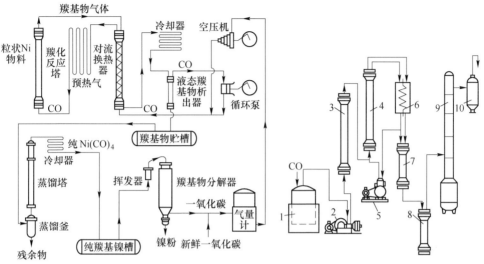

图4-30 德国巴登苯胺和苏打公司（BASF）
的路德维希港镍厂高压羰基法

图4-31 俄罗斯北方镍公司的
高压法羰基法精炼镍工艺

1—CO贮罐；2—压缩机；3—高压贮罐；4—合成釜；
5—循环压机；6—冷凝器；7—高压分离器；
8—低压分离器；9—精馏塔；10—精料贮罐

B 原料

原料：Ni：80%~85%，Cu：8%~10%，Fe：3%~5%，S：2%~4%，CO：2%；高压水雾化颗粒，颗粒直径3~10mm。

C 合成周期、合成率及产品

合成周期：3天，镍的羰基合成率为：96%。羰基镍粉末及铁-镍合金粉末，产量为5000t/a。

4.4.5.3 国内羰基法精炼镍工艺流程

A 核工业总公司857厂的高压羰基法精炼镍工艺

目前，857厂羰基镍络合物合成用的原料有电解镍板和含有镍的废料，经过熔炼，水雾化后获得活性的羰基合成原料。原料的成分根据用料的成分而定，加入一定量的硫是必须的。羰基合成压力：15~20MPa；羰基合成温度：150~180℃；周期：2~3天，设计产量500t/a羰基镍粉末。

B 金川集团公司高压羰基法精炼镍工艺

金川集团公司的500t/a羰基法精炼镍工厂是2003年投产的。原料来自金川集团公司镍高硫磨浮磁选的铜镍一次合金（Ni：67%~70%，Cu：16%~17%，

CO：1%~1.3%，Fe：4%~8.5%，S：4%~4.5%）。羰基合成采用高压循环技术流程；合成压力为10~15MPa；合成周期为48h；镍的羰基合成率为95%；高压羰基合成获得的粗羰基镍络合物要进行精馏。

据金川集团公司报道，2003年500t/a羰基法精炼镍工厂投产后，利用国内技术设计万吨级转动釜合成新工艺，已经于2010年投产。

4.4.6 我国羰基法精炼镍技术的发展方向

综合国外具有工业规模的羰基法精炼镍的典型工艺流程，从中国镍资源的特点及技术实施的实际要求，认真地分析了常压法、低压法、中压法及高压羰基法的优缺点。结合目前国内的羰基法精炼镍的工艺流程，综合钢铁研究总院对于国内镍资源进行的羰基法精炼镍工艺流程研究，总结近30年羰基法精炼镍工艺的研究成果，认为：采用低压、中压羰基法精炼镍工艺流程，是适合我国镍资源特点的最佳选择。

4.4.6.1 低、中压羰基法是我国羰基法精炼镍技术的发展方向[6]

我国的镍资源是铜镍硫化物矿床，尤其是金川镍矿是世界著名的多金属共生的大型硫化铜镍矿床之一。从高硫磨浮磁选的磁性合金就是羰基法精炼镍的最佳原料。原料中的硫是羰基合成反应的良好催化剂，会加速低、中压羰基合成的反应速度。加拿大国际镍公司铜崖精炼厂的原料是含有一定硫的铜镍合金。加压羰基法精炼镍工艺不但具有反应速度快，镍的提取率高等优点，而且还是富集贵金属的最佳方法，设备容易制造。钢铁研究总院羰基合成实验室从20世纪50年代至今，利用我国镍资源进行羰基合成研究的大量成果，从理论上及工业化实践技术中都充分的证明了在我国建立推广低、中压羰基法精炼镍工艺是可行的。

4.4.6.2 我国的镍资源适合加压羰基法精炼镍工艺

金川镍矿是世界著名的多金属共生的大型硫化铜镍矿床之一，镍的金属储量550万吨，铜的金属储量343万吨，金川镍矿还伴随有钴、铂、钯、金、银、锇、铱、钌、硒、硫、铬、铁、镓、铟、铊、锗、镉等元素，可以利用的元素之多在国内外都是罕见的。这些金属元素中大多数可以合成为金属羰基络合物及其衍生物，利用羰基法精炼技术提取有价金属及贵金属的富集是十分有意义的。在提取镍的流程中，高硫磨浮磁选产出的一次性Cu-Ni合金直接进入羰基化流程，这种具有一定硫含量的铜镍合金是最适合中、低压羰基法精炼镍工艺的。

吉林镍业公司是我国第二镍、铜、钴的生产基地。吉林镍矿也是硫化铜镍矿床，在20世纪80年代试验已经证明：吉林镍业公司的Cu-Ni合金适合中、低压羰基法精炼镍工艺要求。

4.4.6.3　低、中压羰基法精炼镍的研究成果

钢铁研究总院是国内最早从事羰基镍络合物合成及热分解研究的，于1958年利用还原镍粉末及加拿大进口的元宝镍进行羰基镍络合物的合成试验成功后，一直对国内外的各种原料进行羰基法精炼镍的技术研究。特别是结合国内镍资源，进行了大量的羰基合成及热分解的研究，获得了一批成果。1965年654厂的建立，是从实验室走向工业化的开始。其后在1970年与金川镍业公司合作，利用金川公司的铜-镍合金在10L的反应釜中进行羰基合成，羰基合成率达到95%；又于1986年为核工业总公司857厂的8615工程中，利用吉林镍业公司的铜-镍合金进行羰基合成试验，羰基合成率达到98%~99%；2000年与金川公司合作建立500t/a羰基镍络合物工程，也已经投产。工业化的实践，正在逐步完善中、低压羰基法精炼镍工艺。

A　金川原料的低、中压羰基合成的结果

金川集团有限公司早在20世纪70年代与钢铁研究总院共同研究铜-镍合金羰基化，合成率达95%以上。其中批号26只有10h，羰基合成率达到88%~91%；在合成36~42h，其羰基合成率>96%。表4-15为金川铜-镍合金羰基化结果。

表4-15　金川铜-镍合金羰基化结果

| 批号 | 化学成分/% | | | | | 羰基合成条件 | | | 合成率 /% |
	Ni	Cu	CO	Fe	S	温度 /℃	压力 /MPa	时间 /h	
19-17	60.2	31.2	1.0	1.6	3.35	120~160	6~10	24	88.0
19~17	60.2	31.2	1.0	1.6	3.35	120~160	6~10	42	96.0
26	59.95	33.6	0.6	0.5	6.1	120~160	6~10	10	88.0
26	59.95	33.6	0.6	0.5	6.1	120~190	8~10	10	91.2

上述研究与实践，为金川集团有限公司羰基镍络合物工程提供了必要的技术准备。金川集团有限公司产出的铜镍合金是完全合乎低、中压羰基法精炼镍要求的。目前，金川集团有限公司的500t/a羰基镍络合物工厂已经于2003年8月份投产。这些技术数据的积累无论是过去或者是将来都是金川发展的基本支柱。

B　吉林吉恩镍业公司原料的低、中压羰基合成的结果

在857厂500t/a羰基镍络合物改造工程中（8615工程），采用吉林镍业公司的Cu-Ni合金。为了获得高活性的羰基合成原料，合金砂要经过重熔后，再进行水雾化获得一定粒度的合金颗粒。羰基镍络合物合成原料颗粒为0.5~1.0mm，硫在合金中呈均匀连通网状分布。因此，在6~10MPa较低的压力下，羰基镍络

合物合成反应进行得非常迅速。合成反应的前 10h，合金中的镍被合成达 65% ~ 75%。在 24h 内羰基镍络合物合成率达到 99.5%。羰基合成试验结果列入表 4-16 中。

表 4-16　吉林镍业公司原料羰基合成试验结果

序号	化学成分/%					合成条件			镍的合成率/%
	Ni	Cu	Fe	CO	S	压力/MPa	温度/℃	时间/h	
1	64.14	16.86	4.40	1.00	3.50	6~10	150	24	99.5
2	79.58	10.23	4.80	1.37	2.50	6~10	120	24	99.5

C　低、中压羰基合成过程中铁与钴的行为

在 857 厂 500t/a 羰基镍络合物改造工程中（8615 工程），采用吉林镍业公司的 Cu-Ni 合金。在低、中压羰基合成过程中，铁的羰基合成率平均为 50% 左右；钴在高温高压下被合成羰基钴络合物。如：5 号 857 厂雾化$_1$原料中钴的羰基合成率达到 16% ~ 18%。但是，在低、中压条件下钴被富集到渣中，见表 4-17。

表 4-17　中压羰基合成过程中铁与钴的行为

样品名称	羰基合成条件			羰基合成过程中元素的变化率/%			
	CO 压力/MPa	温度/℃	时间/h	Ni	Fe	CO	S
2 号钢研雾化$_1$	7	120	24	-94.3	-40.3	+15	+2
5 号 857 雾化$_1$	7	120	24	-94.16	-45	-1.6	+44.8
2 号钢研雾化$_1$	10	150	24	-98.5	-42	+28	+5
2 号钢研雾化$_1$	15	150	24	-98.7	-32.5	+26.4	+6.9
5 号 857 雾化$_1$	15	150	24	-99.5	-59	-16.3	+4.3

D　低、中压羰基合成过程中贵金属的富集

在 20 世纪 80 年代中期，金川集团有限公司委托钢铁研究总院和昆明贵金属研究所，对铜镍合金羰化冶金过程中铂族元素的走向与分配进行了较深入的研究，利用金川镍公司的高硫磨浮一次合金，进行羰基合成富集贵金属的研究。在低、中压羰基合成过程中镍的羰基合成率达到 97% ~ 99%，贵金属富集在残渣中。一次合金的化学成分及残渣的化学成分列于表 4-18 和表 4-19 中。通过对残渣进行分析及羰基物分解产物的分析都证明：钴、金、铂、铱、钌、铑、钯、砷、硒等元素在羰基合成过程中，没有流失而富集在残渣中，平均富集 2.5 ~ 3.8 倍。

表 4-18　一次性合金的化学成分

元素	化学成分/%				贵金属的含量/g·t⁻¹						
	Ni	Cu	Fe	S	Pt	Pd	Rh	Ir	Os	Ru	Au
含量	64.3	17.5	7.2	1	150	51	~12	~12	~12	19	38

表 4-19　一次性合金羰基合成后贵金属的富集量

序号	羰基合成条件			镍羰基化率/%	残渣中贵金属含量/g·t⁻¹						
	压力/MPa	温度/℃	时间/h		Pt	Pd	Rh	Ir	Os	Ru	Au
Hj-1	8~10	160	48	99.4	4145	2274	279	422	252	867	1580
Hj-2	8~10	160	18	98.4	5136	2815	332	420	207	750	1250

4.4.6.4　结论

（1）国际上羰基法精炼镍的工艺流程，是根据原料的成分及状态进行优化选择的。

（2）根据我国镍资源的特点及在提取镍过程中获得的 Cu-Ni 合金，利用金川镍公司及吉林镍公司的 Cu-Ni 合金，进行羰基法精炼镍的研究结果表明：国内的原料适合低、中压羰基法精炼镍的工艺。

（3）利用低、中压羰基法精炼镍的工艺，在 24h 内镍的提取率>96%，最高达到98%~99%；钴和贵金属得到了富集；铁的羰基合成率下降，减轻精馏的负担。

（4）经过热分解获得的微米级羰基镍粉末的物理及化学性能，完全达到国际标准。

参 考 文 献

[1] 冶金工业部情报研究所陈维东. 国外有色冶金工厂：镍与钴 [M]. 北京：冶金工业出版社，1985.

[2] Joseph R. The Winning of Nickel. 1967：374~383.

[3] Бёлозерский Н А. Карбонилй Металлов. Москва. Научно. тёхничесое и здательства. 1958，27：254~311.

[4] Сыркин В Г. Карвонильный Метллы，М. Метллургидам，1978：122~125.

[5] Paul Queneau E. Part Ⅱ—The Inco pressure carbonyl（IPC）process [J]. J. of metals，1969：41~45.

[6] Кипнис А. Я. ，Михайпooba Н. Ф. Каарбонипый способ получения никепя. М. Цввееттмеетин

ффоормация. 1972: 104~134.

[7] Сыркин В. Г. Порошковая металлургия. 1970 (4): 8~12.

[8] 滕荣厚, 等. 诸因素对铜-镍合金羰基化的影响 [J]. 钢铁研究总院学报, 1983 (1): 37~42.

[9] 滕荣厚. 我国羰基法精炼镍技术的发展方向 [J]. 中国有色金属学报, 2006 (3): 17~23.

[10] 滕荣厚, 等. Cu-Ni 合金中硫化物对羰基镍络合物合成反应的影响 [J]. 粉末冶金工业, 2007, 17 (3): 1~6.

5 羰基镍络合物的精馏提纯

5.1 概述

5.1.1 羰基镍络合物精馏的目的

由于合成羰基镍络合物的原料（高冰镍、铜镍合金）中含有铁、钴等元素，又采用高压羰基合成的工艺，所以获得的羰基混合物是羰基镍络合物、羰基铁络合物及羰基钴络合物的混合物。有时还会含有水、机油、碳及硫化物等杂质。只有在加压羰基法精炼镍（中压、高压）工艺流程中，才设置羰基混合物的精馏工序。

在工业规模加压羰基法精炼镍的流程中，生产的羰基镍络合物是混合物。其成分大致如下：84.8%Ni(CO)$_4$；3%~5%Fe(CO)$_5$（取决于原料中铁的含量，有时可能高达15.2%）。为了获得高纯度羰基镍络合物，必须进行精馏。将羰基铁络合物、羰基钴络合物从混合物中分离出来。

5.1.2 精馏的基本原理

利用混合物中各组分挥发能力的差异，通过液相和气相的回流，使气、液两相逆向多级接触，在热能驱动和相平衡关系的约束下，使得易挥发组分（轻组分）不断从液相往气相中转移，而难挥发组分却由气相向液相中迁移，使混合物得到不断分离，该过程称为精馏。

该过程中，传热、传质过程同时进行，属传质过程控制。原料从塔中部适当位置进塔内，将精馏塔分为两段：上段为精馏段，不含进料；下段含进料，为提留段。冷凝器从塔顶提供液相回流，再沸器从塔底提供气相回流。气、液相回流是精馏的重要特点。

利用回流使液体混合物得到高纯度分离的蒸馏方法，是工业上应用最广的液体混合物分离操作，广泛用于石油、化工、轻工、食品、冶金等部门。精馏操作按不同方法进行分类。根据操作方式，可分为连续精馏和间歇精馏；根据混合物的组分数，可分为二元精馏和多元精馏；根据是否在混合物中加入影响气液平衡的添加剂，可分为普通精馏和特殊精馏（包括萃取精馏、恒沸精馏和加盐精馏）。若精馏过程伴有化学反应，则称为反应精馏。

双组分混合液的分离是最简单的精馏操作。典型的精馏设备是连续精馏装置，如图5-1所示，包括精馏塔、再沸器、冷凝器等。精馏塔供气、液两相接触进行相际传质，位于塔顶的冷凝器使蒸汽得到部分冷凝，部分冷凝液作为回流液返回塔顶，其余馏出液是塔顶产品。位于塔底的再沸器使液体部分汽化，蒸汽沿着塔上升，余下的液体作为塔底产品。进料口在塔的中部，进料中的液体和上塔段回流来的液体一起沿塔下降；进料中的蒸汽和下边塔段来的蒸汽一起沿塔上升。在整个精馏塔中，气、液两相逆流接触，进行相际传质。液相中的易挥发组分进入气相，气相中的难挥发组分转入液相。对不能形成恒沸物的物系，

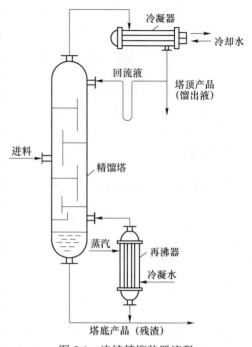

图 5-1　连续精馏装置流程

只要设计和操作得当，馏出液将是高纯度的易挥发组分，塔底产物将是高纯度的难挥发组分。进料口以上的塔段，把上升蒸汽中易挥发组分进一步提浓，称为精馏段；进料口以下的塔段，从下降液体中提取易挥发组分，称为提馏段。两段操作的结合，使液体混合物中的两个组分较完全地分离，生产出所需纯度的两种产品。

当使 n 组分混合液比较完全地分离，进而取得 n 个高纯度单组分产品时，须有 $n-1$ 个塔。精馏之所以能使液体混合物得到较完全的分离，关键在于回流的应用。回流包括塔顶高浓度易挥发组分液体和塔底高浓度难挥发组分蒸汽两者返回塔中。气、液回流形成了逆流接触的气、液两相，从而在塔的两端分别得到相当纯净的单组分产品。塔顶回流入塔的液体量与塔顶产品量之比，称为回流比，它是精馏操作的一个重要控制参数，它的变化影响精馏操作的分离效果和能耗。

因为羰基物中各组分的沸点不同，例如羰基镍络合物沸点为42.3℃，羰基铁沸点为103℃，而羰基钴低于51℃时是固态。利用精馏就可以从粗羰基物中除去羰基铁和羰基钴，得到纯度很高的羰基镍络合物。

5.2　精馏的设备及要求

5.2.1　精馏的设备

羰基镍络合物的精馏设备结构如图5-2所示。图5-2是一个典型的精馏塔结

构形式。它是由外设式的蒸馏釜、塔身、冷却器、回流及分流柱组成。塔身是由许多段组合而成，里面装有陶瓷环或者铜环作为填料，陶瓷环的尺寸为 35mm×35mm×4mm。为了使液体在塔里面整个横断面上分布均匀，在塔的每一段上面设有塔板，陶瓷环或者是铜环就放置在塔板上。

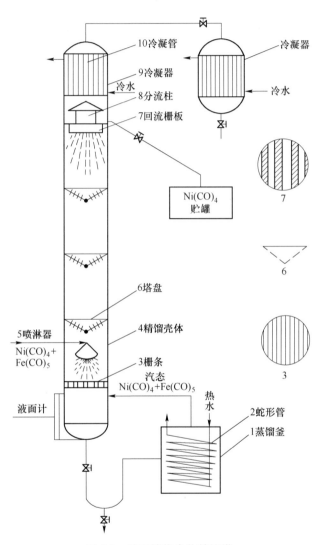

图 5-2 羰基镍络合物精馏塔

1—蒸馏釜；2—蛇形管；3—栅条；4—精馏壳体；5—喷淋器；
6—塔盘；7—回流栅板；8—分流柱；9—冷凝器；10—冷凝管

填充式精馏塔的生产能力及净化杂质的程度，完全取决于精馏塔中蒸汽的速度、喷淋程度和填料的类型。

一次精馏塔及纯羰基镍络合物接触线上的所有设备，都是铜材制造，以防止羰基镍络合物被污染的可能性。

5.2.2 对精馏的设备的要求

在精馏的过程中，不可避免的要有少量的羰基镍络合物在精馏塔内部发生分解反应，产生超细的镍粉末，吸附在设备表面。因此，以罩板或者以筛板形式分成隔层的精馏塔不能够被采用。因为清除沉积在板上面的镍粉末非常困难。因此采用填充塔，在填充塔里边填充的是陶瓷环填料，而从这种填料上面清除沉积的镍是非常容易的。另外，采用填充塔，在填充塔里边填充的是陶瓷环填料，会大大地增加气-固相接触面积。羰基镍络合物的混合液体连续不断地由下部进入塔里，精馏的成品不断地从塔的顶部排出。不但提高羰基镍络合物的纯度，而且也会增加产量。

为了使精馏设备确保达到设计密封要求，要按着易燃易爆、剧毒化工设备安全的要求标准；管线的连接必须采用法兰连接，杜绝螺纹连接；精馏工序要与其他工序隔离；设置监控系统及事故排风系统。

5.3 羰基镍络合物精馏的工艺流程[1,2]

羰基镍络合物精馏的步骤如下：

(1) 羰基镍络合物的汽化。从羰基镍络合物贮罐中，利用 CO 气体的压力输送来的粗羰基镍络合物进入 1 号精馏塔中（一次精馏），精馏釜中水浴控制温度为 56℃。这时粗羰基镍络合物中的羰基镍络合物开始蒸发，挥发出来的羰基镍络合物蒸汽上升到精馏塔的上部冷凝。

(2) 冷凝。冷凝下来的羰基镍络合物液体中一部分回流，一部分流到 2 号精馏塔中。回流液体的作用是通过气体与液体之间的热交换，将挥发出来的少量的羰基铁蒸汽冷凝为液体的羰基铁，洗涤回到精馏塔底部的精馏釜中。

(3) 釜底残留混合物的比例。由于羰基镍络合物不断地蒸发，所以 1 号塔中的液体也不断地减少，塔内部温度会升高，这时塔中的羰基铁也会大量地蒸发。所以根据粗羰基镍络合物液体的成分及工艺流程的选择，控制釜底残留物一定的比例。有的控制：$Ni(CO)_4/Fe(CO)_5 = 1$；有的控制的比例为 3/7，主要根据原料及工艺而定。残留的液体热分解获得 Fe-Ni 合金粉末。

(4) 再精馏。由于一次精馏获得的羰基镍络合物仍然含有少量的羰基铁，所以再次精馏釜水浴温度控制在 51℃，获得高纯度羰基镍络合物液体，但是产量低。

经过冷凝的粗羰基镍络合物液体中通常含有 98.9% Ni 和 1.1% Fe。由于 $Ni(CO)_4$（沸点为 43℃）和 $Fe(CO)_5$（沸点为 103℃）互溶液体存在，采用 20

个塔盘的精馏塔进行精馏，在低压下加热羰基镍络合物可导致分解。因此，利用 CO 气体作为载体，精馏在低于沸点以下进行。羰基镍络合物蒸汽进入冷凝器后，一部分羰基镍络合物气体变成液体，尚有一部分没有冷凝的蒸汽。液体羰基镍络合物进入贮罐，通过蒸发器输送到粉末热解器制粉；在冷凝器中没有冷凝的气体，输送到镍丸炉。从二次精馏器排出的精馏残渣中含有羰基铁 85% 和羰基镍络合物 15%，输送到铁-镍丸炉。从精馏塔顶排出的蒸汽/液体的两个部分，两个部分的比例可以根据镍粉与镍丸的生产量进行调节。

5.4　羰基镍络合物精馏的参数控制（实验室小型装置实例）

5.4.1　技术条件

（1）设定：蒸发量 9L/h；成品 ：回流 = 3∶6。

（2）一、二级水浴缸的温度：55~56℃；二级水浴缸的温度：50℃。

（3）精馏的程度：一级残液中羰基镍络合物/羰基铁 = 50/50；二级残液中羰基镍络合物/羰基铁 = 95/5。

（4）精馏塔柱温度：≥43℃。

（5）冷凝器水温度，由于冬天与夏天的温度不一样，一般在 4~20℃。

5.4.2　结果

例如：一级精馏共处理 50L 粗羰基镍络合物，得到 35L 精羰基镍络合物及 15L 残液；二次精馏获得纯羰基镍络合物液体 31L 及残液 4L。

1 号精馏塔水浴的温度升高是因为溶液中羰基镍络合物浓度的降低，羰基铁浓度的升高。2 号精馏塔水浴为了保证产品的杂质含量，所以温度是恒定的。由于原料中含铁量较高，又是采用高压合成，为了保障产品的质量，所以精馏过程中减少产出率，加大回流比例，或者是再增加一次精馏。

为了防止羰基镍络合物的热分解，所以精馏的作业分为二次进行。第一次是在 55~60℃下进行精馏，精馏获得纯度高的羰基镍络合物及精馏的残液，残液是羰基镍络合物与羰基铁络合物各占 50% 的混合液体。精馏残液的产出率是原始羰基镍络合物的 4%~7%。由于残液的不断增加，残液需要在小的精馏塔中进行第二次精馏，精馏的温度控制在 65~70℃ 之间。因为二次精馏获得的产物含羰基铁量较高，故获得的精馏产物需要返回到一次精馏，再精馏获得纯的羰基镍络合物。

一次精馏的精馏釜，采用通入到精馏釜中蛇形管里的热水进行加热；二次精馏则是采用水蒸气进行加热（处理一次精馏的残液）。

在精馏塔的上部，馏出物在回流冷却器中冷凝下来，并流至分流柱（回流分布器），使得一部分精馏出来的液体从这里以回流的形式返回到塔内，其余的部分为成品，经过进一步冷却后输送到液体羰基镍络合物贮罐槽。

二次精馏后的残液乃是羰基钴、羰基铁以及少量羰基镍络合物的混合物（含有水和油），这部分残液输送到贮槽，然后再输送到燃烧炉烧掉，燃烧中获得铁、钴、镍的氧化物，而后再进行提取金属钴。

精馏获得的全部成品及残液贮存在贮槽中，贮槽放置在设有流动水的水槽里。水可以防止羰基镍络合物发生过热及过冷，还能够防止羰基镍络合物蒸汽漏入生产地厂房中。

5.5　精馏系统结构组成图[3]

产业化羰基镍络合物精馏系统图，如图 5-3 所示[1]。

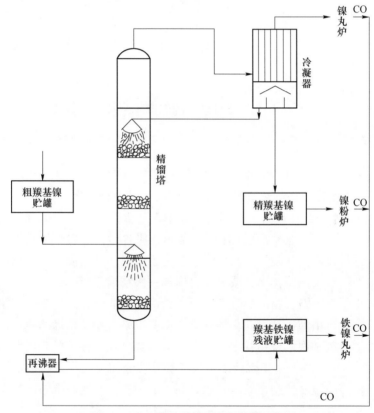

图 5-3　产业化羰基镍络合物精馏系统图

5.6　羰基镍络合物精馏的操作[3]

羰基镍络合物精馏的操作[3]如下：

（1）开车前的准备工作。设备检查：1）检查精馏塔塔釜电加热器的供电系统，使其处于备用状态；2）检查所有一、二次仪表，使其处于备用状态；3）检查高位槽电磁阀，贮罐尾气电磁阀，CO 低压贮罐供给动力气源电磁阀，检查电动调节阀供应冷却水，T 冷凝器供给冷却水，使其处于备用状态；4）检查循环水系统，使其处于备用状态；5）检查全面通排风系统，使其处于备用状态；6）检查尾气处理工段，使其处于备用状态；7）检查油（水）浴系统；8）检查各段塔的温度控制系统；9）检查冷凝器系统；10）检查贮罐各个阀门的状态。

（2）通水。1）打开电开冷却水阀门，保证冷凝器供给冷凝水；2）打开冷凝水阀门，保证贮罐供给冷凝水；3）启动尾气处理系统；4）初次投入使用或长时间停车投入使用前，需进行全岗位 N_2 气置换空气，然后用 CO 置换 N_2；5）向精馏釜夹套内加水；6）开启塔顶冷却水。

（3）向精馏高位槽加入羰基镍络合物混合物。

1）贮罐向高位槽加料。打开合成工段贮罐阀门；打开精馏高位槽上阀门，打开尾气。当高位槽的液体达到容积的 2/3 时，关闭尾气的阀门。

2）高位槽向精炼塔釜加料。打开向精炼塔釜加料阀门，当液体达到精馏釜 2/3 时，关闭阀门。

（4）羰基镍络合物混合物精馏的参数控制。

1）精炼塔釜温度的控制。通过中控电开塔釜加热器，为了塔釜温度的均匀性，在加热的同时要开启循环泵。塔釜的温度控制在 65~70℃ 之间，温度绝对要控制在 ≤70℃，否则羰基镍络合物分解速度加快。

2）精炼塔腰部温度的控制。精馏塔腰部，第六段的温度高与低，不但直接影响到羰基镍络合物蒸汽上升的速度，同时也直接影响羰基镍络合物的纯度。所以精炼塔腰部温度控制是非常重要的，腰部温度一般控制在 45~50℃。

3）精馏塔顶部温度的控制。精炼塔釜底部温度达到后，此时羰基镍络合物蒸汽不断地上升，塔顶部的温度达到 40~43℃，调整冷却水的流量。通过控制冷却水进入量的多少来调整出口温度，不断调整回流液和馏出液的数量，直至塔釜物料液面降至规定刻度，同时温度开始上升时停止精馏。

4）回流比的控制。回流比的控制是非常重要的，控制好回流比既可以获得高质量产品，同时又能够高产。回流比一般控制在 40%：60%，其中 40% 为产品、60% 的回流量是用来洗涤羰基铁蒸汽的。

5）塔顶部冷凝器的控制。冷凝器的作用是控制回流比，它是通过调整冷却水进口温度及流量来实现的。要经常观察进口温度显示，流量控制，出口温度显示。如果冷却水阀门开度过大时，大多数的羰基镍络合物蒸汽被冷凝成液体则产量高而质量差。相反，如果冷却水阀门开度过于小，而少数的羰基镍络合物蒸汽被冷凝为液体，质量高而产量低。塔顶部冷凝器温度一般控制在 35~40℃。

(5) 纯羰基镍络合物液体的贮存。精馏成品羰基镍络合物通过阀门进入到贮罐中。定期打开贮罐放气阀，防止压力过高。贮罐内维持 0.05MPa 压力，常年通冷却水。

(6) 塔釜残液的接收。塔釜残液用接收罐盛放，将卸料口投入水中，打开残液阀，使残液沉在水面下。

参 考 文 献

[1] Refining Nickel new methods [J]. Chem. Eng. , 1969 (5)：106~107.

[2] 滕荣厚，柳学全，黄乃红，等. 根据我国镍资源特点选择优化羰基法精炼镍工艺 [J]. 粉末冶金工业，2006.

[3] 钢铁研究总院. 羰基实验室羰基镍/铁生产操作法——羰基镍实验室精馏工段岗位操作规程 .

[4] 滕荣厚，李一，柳学全. 羰基法精炼镍（铁）车间的通风设置 [J]. 中国有色冶金，2010 (1)：19~24.

6 贵金属的富集

6.1 概述

羰基法精炼镍工艺流程的设计，主要是从含有镍的原料中提取镍。利用该精炼镍工艺，在获得镍的产品的同时，另外的收获是将原料中含有的铜、金、银及贵金属铂、钯、铑、铱、锇、钌等富集在羰基合成残渣中。这就是羰基法精炼镍工艺的另一个功能——富集贵金属。

我国金川集团公司的硫化镍矿中含有可观的金、银及铂族金属。在含有贵金属的铜-镍合金中，采用化学萃取法，直接从铜-镍合金提取这些贵重金属时，收到率低，贵金属流失较多。利用羰基法精炼镍工艺，首先从铜-镍合金中将镍、铁及钴与一氧化碳合成为羰基金属络合物，将镍、铁、钴从铜-镍合金中分离出来。而在该合成的条件下，原料中铜、金、银及贵金属，不能够形成羰基金属络合物，原料中的铜、金、银及贵金属富集保留在残渣中。从浓缩的残渣提取贵金属其收得率会大大提高。

20 世纪 70 年代，为了进一步开发金川资源的综合利用，冶金工业部下达《羰基法富集贵金属的研究》课题。由钢铁研究总院羰基金属实验室与金川集团公司、昆明贵金属研究所合作研发。利用金川集团公司原料，进行羰基法精炼镍及贵金属富集的研究。通过对于含有贵金属原料的处理、羰基镍络合物的合成压力、温度及合成时间一系列研究，取得了将原料中贵金属富集到 3~4 倍的成果。证明了合理地选择及利用羰基法精炼镍的工艺条件，完全可以更高地富集原料中的贵金属。

在以下的章节中会分别叙述羰基法富集贵金属的实验条件及结果。实验室的实验条件是经过精心设计的；实验室的实验条件控制是非常严格的；同时实验数据也是非常准确的。所获得的实验结果，完全可以作为工业规模的设计基础。

6.2 羰基法精炼镍和贵金属的富集

6.2.1 羰基法富集贵金属的方法设计

利用羰基法富集贵金属的研究，是在钢铁研究总院羰基实验室进行的。实验用原料、设备及技术条件都进行了设计。

(1) 原料的配制[1~3]。由于金川镍公司的高硫磨浮铜-镍合金中的金、银及铂族金属含量较少，不容易准确地分析它们在羰基合成过程中的变化。因此，要配制含有高品位的金、银及铂族金属含量的铜-镍合金。在高硫磨浮铜-镍合金中，加入含有高品位的贵金属阳极泥及一定含量的银。根据羰基合成工艺的技术要求，混合配制不同比例的粗料。粗料经过高频感应炉熔炼、雾化水淬、干燥及筛分后，获得具有高活性、不同粒度与化学成分的羰基合成原料。原料的化学成分见表6-1，原料的贵金属化学成分见表6-2。

表 6-1 原料的化学成分

序号	粒度/mm	化学成分/%					
		Ni	Fe	Co	Cu	S	Ag
1	<2.0	56.6	13.2	1.4	19.5	5.8	0.11
2	>2.0	56.9	13.5	1.1	20.6	4.3	0.15
3	<0.8	56.7	6.12	1.7	21.0	6.2	0.014
4	0.8~2.0	57.1	5.8	1.0	21.8	4.5	0.024
5	<0.8	62.0	0.84	0.47	31.9	4.9	—

表 6-2 原料的贵金属化学成分

序号	粒度/mm	化学成分/$g \cdot t^{-1}$						
		Au	Pt	Pd	Rh	Ir	Os	Ru
1	<2.0	376	1220	693	108	136	78	230
2	>2.0	391	1360	765	109	137	80	248
3	<0.8	49	140	59	4.9	13.8	5.7	14.3
4	0.8~2.0	53	140	61	6.9	17.2	8.7	23.7
5	<0.8	—	9.8	7.7	0.9	2.4	1.0	1.5

对于水雾化后获得的合金颗粒3号样品，进行X光衍射分析，确定合金颗粒的主要相位是 Ni-Cu-Fe 固溶体，其次是 Ni_3S_2、Fe_3O_4 或者 $NiFeO_4$、$Cu_{1.96}S$、FeO。未发现贵金属的独立相，表明它们在 Ni-Cu-Fe 固溶体中呈现类质同相存在。

(2) 一氧化碳气体原料的制备及要求。实验使用的一氧化碳气体是利用电弧炉法制备的。利用二氧化碳通过灼热的木炭进行的氧化还原反应：$CO_2 + C \Longrightarrow 2CO$，经过水洗和碱洗后，获得高纯度的 CO 气体。

羰基合成所需要的一氧化碳气体纯度较高，主要控制氧含量<1%。利用色谱分析化学成分（不包括水）如下，见表6-3。

表6-3　一氧化碳气体化学成分

气体名称	CO	H_2	O_2	N_2	CH_4	CO_2
含量/%	92.95	5.52	0.20	0.46	0.21	0.66

（3）羰基合成设备及工艺流程[1,2,9]。羰基合成是在高压反应柱及10L的反应釜中进行的。

6.2.2　羰基合成条件[2,4,5]

（1）CO压力：6~7MPa；10~12MPa；15~16MPa。
（2）温度：160±10℃。
（3）时间：10h；24h；48h。

将原料装入高压反应釜中后，通入一定压力的一氧化碳气体并开始升温，当反应釜中的温度及压力到达实验要求时，维持所要求的温度及压力，定期排放产物并收集羰基络合物。通过分析羰基合成后的残渣及热分解产物获得羰基合成数据。

6.2.3　羰基法精炼镍过程中贵金属的富集

6.2.3.1　不同原料中镍的羰基合成率及特点

羰基镍合成反应为减容反应 $[Ni(s)+CO(g) \rightleftharpoons NiCO_4(g)]$，显然，一氧化碳气体的压力越高，则羰基合成反应速度越快。在CO压力>10MPa时，合成反应时间为48h，羰基合成的速度及合成率都很高。其中，细颗粒合金原料羰基合成速度比粗颗粒原料快。

6.2.3.2　不同原料镍铁羰基合成率及残渣的成分

合金原料在羰基合成过程中，铁、钴、镍都能够合成为羰基络合物。五羰基铁 $[Fe(CO)_5]$ 合成的温度及压力较高，合成速度慢；羰基钴 $[Co_2(CO)_8$ 和 $Co_4(CO)_{12}]$ 为固体，可以从羰基络合物的混合液中分离出来。因此，羰基合成的残渣主要是铜，部分没有被羰基合成的镍、铁及贵金属。按照羰基合成条件：160±10℃、10MPa、48h，获得的镍、铁羰基合成率及残渣成分列入表6-4和表6-5中。

原料1号的羰基合成残渣的X荧光光谱分析结果，表明贵金属富集在残渣中。贵金属在残渣中的平均品位数据列入表6-4中。无论是原料中的贵金属含量多高，羰基合成残渣中贵金属均富集3~4倍，见表6-6。分析数据与计算数据相吻合。

表 6-4 镍、铁的羰基合成率（160±10℃，10MPa，48h）

序号	粒度/mm	残渣化学成分/%		羰基合成率/%		实验次数
		Ni	Fe	Ni	Fe	
1	<2.0	6.05	11.7	96.3	68.6	3
2	>2.0	3.06	6.19	98.3	85.8	3
3	<0.8	2.44	8.18	98.3	44.5	3
4	>2.0	1.99	7.5	98.6	50.6	3
5	<0.8	1.94	0.92	98.8	57.1	3

表 6-5 羰基合成残渣中富集贵金属含量（160±10℃，10MPa，48h）

序号	残渣化学成分/g·t^{-1}							
	Pt	Pd	Rh	Ir	Os	Ru	Au	Ag
1	5176	2512	329	318	200	586	1110	3300
2	5136	2815	332	420	207	750	1250	4200
3	431	235	14.5	41.2	24.5	73.0	140	590
4	566	297	25.7	50.6	31.3	86.4	170	760
5	26.3	15.1	1.4	3.6	4.8	14.6	—	—

表 6-6 原料和残渣的贵金属化学成分及富集倍数

序号	粒度/mm	分析物料	化学成分/g·t^{-1}						
			Au	Pt	Pd	Rh	Ir	Os	Ru
1	<2.0	原料	376	1220	693	108	136	78	230
		残渣	1110	5176	2512	329	318	200	586
	富集倍数		2.95	4.24	3.62	3.0	2.3	2.5	2.5
2	>2.0	原料	391	1360	765	109	137	80	248
		残渣	1250	5136	2815	332	420	207	750
	富集倍数		3.1	3.7	3.6	3.0	3.0	2.6	3.0
3	<0.8	原料	49	140	59	4.9	13.8	5.7	14.3
		残渣	140	431	235	14.5	41.2	24.5	73.0
	富集倍数		2.8	3.0	4.0	3.0	3.0	4.3	5.1
4	0.8~2.0	原料	53	140	61	6.9	17.2	8.7	23.7
		残渣	170	566	297	25.7	50.6	31.3	86.4
	富集倍数		3.2	4.0	4.9	3.7	2.9	3.6	3.6
5	<0.8	原料	—	9.8	7.7	0.9	2.4	1.0	1.5
		残渣		26.3	15.1	1.4	3.6	4.8	14.6
	富集倍数			2.7	2.0	1.5	1.5	4.8	9.7
	平均富集倍数		3.0	3.5	3.6	2.8	2.5	3.6	4.0

6.2.3.3 羰基镍络合物合成过程中贵金属的行为[6~8]

（1）在羰基镍合成条件下贵金属比较稳定。铂族金属与铁、钴、镍同属于元素周期表中第八族过渡元素，具有类似的电子结构。除了钌和铑外，其他的铂族元素都能够从各自的中间化合物（卤化物、氧化物）中，利用还原性金属催化条件，在一定的温度和压力下都能够合成贵金属羰基络合物（P：$2~20MPa$，t：$200~300℃$），而且羰基合成速度非常缓慢。因此，在羰基镍、铁合成的条件下，铂族金属同时生成羰基络合物的可能性不大。

（2）从获得的羰基镍铁络合物热分解产物中检测贵金属。将本实验条件下获得的羰基络合物进行热分解，对于获得的羰基镍铁粉末进行化学分析，除了锇、铱、铑微量存在外，其他贵金属均在分析的灵敏度下限。分析数据见表 6-7 和表 6-8。通过以上数据说明：在一定的羰基合成条件下，原料中贵金属几乎全部富集在残渣中。

表 6-7 羰基镍铁粉末常规分析

序号	化学成分/%					
	Ni	Fe	Co	Cu	S	C
1	余	1.62	0.005	0.002	0.003	0.22
2	余	1.18	0.005	0.002	0.004	0.11

表 6-8 羰基镍铁粉末贵金属分析

序号	化学成分/g·t^{-1}							
	Pt	Pd	Rh	Ir	Os	Ru	Au	Ag
1	<1.0	<2.0	<1.0	1.5	1.13	0.89	<1.0	<20
2	<1.0	<2.0	<1.0	1.5	0.82	0.94	<1.0	<20

6.2.4 结论

（1）含有贵金属的 Cu-Ni 合金，经过水雾化后，在 CO 压力为 10MPa，温度为 160±10℃时，镍羰基合成率>97%。

（2）原料中的贵金属，在上述条件下进行羰基合成，贵金属全部富集在残渣中，富集品位达到 3~4 倍。

6.3 羰基法精炼镍的过程中不同品位原料中贵金属行为[1,4,5,9]

本实验的特点：为了提高铂族贵金属的综合利用水平，强化富集提取工艺，提高回收率，利用卡尔多转炉氧气吹炼，再经水雾化获得活性铜-镍合金颗粒。

该铜-镍合金颗粒在设计的系列条件下进行羰基合成，提取羰基镍络合物的同时，又获得铜、金、银及贵金属富集的残渣。

6.3.1　试验方法

（1）试验装置。试验是在钢铁研究总院粉末冶金羰基合成实验室完成的，利用羰基合成高压柱及 10L 高压反应釜进行羰基合成试验。

（2）试验原料。

1）原料的配制。金川镍公司的高硫磨浮一次合金，化学成分见表6-9；高品位贵金属阳极泥，化学成分见表6-10；高冰镍的化学成分，见表6-11；银粉末。

表 6-9　金川镍公司的高硫磨浮一次合金化学成分

元素	化学成分/%				贵金属化学成分/$g \cdot t^{-1}$						
	Cu	Ni	Fe	S	Pd	Pt	Rh	Ir	Os	Ru	Au
含量	17.5	64.3	7.2	~1	150	51	~12	~12	12	19	38

注：以上数据为昆明贵金属研究所分析。

表 6-10　高品位贵金属阳极泥化学成分

元素	化学成分/%				贵金属化学成分/$g \cdot t^{-1}$							
	Cu	Ni	Fe	S	Pd	Pt	Rh	Ir	Os	Ru	Au	Ag
含量	23.6	22.2	微	15	9460	4750	850	970	666	1930	2710	667

表 6-11　高冰镍化学成分

元素	化学成分/%				
	Cu	Ni	Fe	S	Co
含量	25.41	45.89	3.45	16.30	1.10

因为金川镍公司生产的高硫磨浮的一次合金中铂、钯、铑、铱、锇、钌、金及银的含量较少，给元素分析含量的准确性带来困难。所以，需要特殊配制原料增加贵金属含量，有利于观察贵金属在羰基合成过程中的行为及走向。

2）水雾化装备活性原料。将以上四种原材料按照羰基合成要求的比例配料，然后利用高频感应炉进行重熔，待熔池温度达到1650℃时，液体金属以一定流速进行水雾化。经过脱水、干燥、筛分后，获得具有一定粒度及化学成分的原料。各种羰基化合成原料的物理及化学性能列入表6-12和表6-13中。

表 6-12　羰基化合成原料的物理及化学性能（一）

原料编号	粒度/mm	化学成分/%					
		Cu	Ni	Fe	Co	S	Ag
8205—1	>2.0	20.55	56.92	13.34	1.10	4.3	0.15

原料编号	粒度/mm	化学成分/%					
		Cu	Ni	Fe	Co	S	Ag
8205—1	<2.0	19.50	56.64	13.21	1.39	5.81	0.11
8205—2	>2.0	21.82	57.14	5.76	1.02	4.5	0.02
8205—2	0.8~2.0	21.82	57.14	5.76	1.02	4.5	0.024
8205—2	<0.8	21.03	56.68	6.12	1.70	6.17	0.014
8205—3	0.8~2.0	31.91	62.03	0.84	0.47	4.85	—
8205—3	<0.8	31.91	62.03	0.84	0.47	4.85	—

注：8205—1 和 8205—2 中镍、铁、钴、铜、硫为钢铁研究总院分析结果；8205—3 中镍、铁、钴、铜、硫为金川镍公司分析结果；贵金属铂、钯、铑、铱、锇、钌、金、银为昆明贵金属研究所分析结果。

表6-13 羰基化合成原料的物理及化学性能（二）

原料编号	粒度/mm	贵金属化学成分/g·t⁻¹						
		Pd	Pt	Rh	Ir	Os	Ru	Au
8205—1	>2.0	1360	785	109	137	80.3	247.5	391.2
8205—1	<2.0	1220	693	108	136	77.7	230.1	375.9
8205—2	>2.0	137	62.9	6.3	14.7	9.1	24.8	45.7
8205—2	0.8~2.0	139.5	60.7	6.9	17.2	8.7	23.7	53
8205—2	<0.8	139.9	59.1	4.9	13.8	5.7	14.3	49
8205—3	0.8~2.0	—		1.3	<2.0	1.2	2.8	—
8205—3	<0.8	9.8	7.7	0.9	2.4	1.0	1.5	—

另外，还利用金川镍公司的卡尔多转炉吹炼，经过水雾化的金属化冰铜为原料，以观察贵金属品位很低的含镍物料，在羰基镍络合物的合成过程中，贵金属行为及在残渣中的富集情况。

3）一氧化碳气体的制备及要求。一氧化碳气体是电弧炉法发生的，一氧化碳气体中要求严格控制氧含量<1%，一氧化碳气体的成分列入表6-14 中。

表6-14 一氧化碳气体的化学成分

名称	化学成分/%					
	CO	H₂	O₂	N₂	CH₄	CO₂
含量	92.95	5.52	0.20	0.46	0.21	0.66

（3）原料的物相分析及贵金属的存在状态。

1）物相分析。X 衍射对于原料 8205—2，粒度 0.8~2.0mm 的物相分析结果如图 6-1 所示。

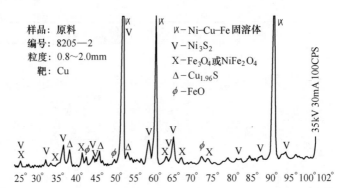

图 6-1   X 衍射法对于原料 8205—2、粒度 0.8~2.0mm 的物相分析结果

主要物相：Ni-Cu-Fe 固溶体；次要相：Ni_3S_2、Fe_3O_4 或者 $NiFe_2O_4$、$Cu_{1.96}S$、FeO。

2）贵金属的状态及分布。在镍-铜-铁的固溶体及其硫化物共存的溶体中，由于贵金属与贱金属具有相同的晶格结构和相似的原子半径，它们主要被贱金属固溶体所捕集。同时，该试验原料中的贵金属品位仅仅达到 0.03%~0.3% 范围，与贱金属组分含量相比属于微量组分，在水淬急冷时它们不可能偏析或者聚集形成铂族金属的矿物相。因此，原料中的贵金属主要作为合金元素均匀地分布在镍-铜-铁的固溶体中。

为了提高原料的活性，需要在原料中加入一定量的硫。硫形成：Ni_3S_2、Cu_2S 等硫化物，这些硫化物中含有贵金属含量微少。这些少量的贵金属元素中，除了某些元素（钯、铑）可能部分呈类质同相进入硫化物晶格外，主要是由于含有贵金属的金属固溶体被硫化物包裹或者是连生造成的。因此，在各种粒度范围内的试验原料中，以金属相为主的则贵金属的含量较高；含有硫化物多的则贵金属含量低。

（4）试验条件。利用羰基法精炼镍时，要求合金中铁含量<2%，否则会降低镍的羰基合成率[6]。

由于一次合金中铁含量超过 2%，为此，首先利用高压柱探索获得较高羰基合成率的羰基合成条件。参照 6.2.2 的羰基合成条件，羰基合成温度定为：160±10℃。利用高压柱进行羰基合成的压力和时间的试验。然后，再在 10L 感应加热釜中做扩大试验。

6.3.2   含有贵金属原料的羰基合成

6.3.2.1   利用高压柱装置进行羰基合成

羰基合成的条件如下：

（1）温度：160±10℃。

（2）CO 压力：6.5~7.0MPa、10.5~11.0MPa、14.5~15.0MPa。

（3）时间：10h、24h、48h。

通过利用高压柱装置进行羰基合成，其中原料 8205—1、8205—2、8205—3 合成率较高。

6.3.2.2 利用 10L 高压釜扩大试验

（1）扩大试验条件的选择。将铂、钯、铑、铱、锇、钌、金及银等贵金属制成羰基络合物，多数采用它们的卤化物，氧化物及其他盐类[8,9]。在高压反应釜中，加入一定量的还原剂，即使钌、铑处在非常活泼的情况下，也需要 CO 压力>20~25MPa，温度>180~250℃，才能够形成羰基络合物。在羰基镍络合物合成的温度及压力下，元素铱、锇、金及银等金属原子处于非激发状态，不能够与 CO 分子结合，不能够形成羰基络合物。相反，镍和铁容易与 CO 生成羰基络合物，羰基钴形成的温度及压力比较高。本试验条件下，只能够有利于形成羰基镍，而铁部分羰基化。至于钴只能够微羰基化。对于贵金属尚不具备形成羰基络合物的条件，所以不可能形成羰基络合物。

（2）扩大试验条件。CO 压力：10~11MPa，14~15MPa；温度：160±10℃；时间：48h。

（3）扩大试验结果。从表 6-15 中看出：羰基合成压力为 10MPa 时，羰基镍合成率为 97%，羰基铁合成率波动较大。通过试验证明：8205—1 和 8205—2 两种原料获得较高的合成率，对于富集贵金属是非常有利的。

各种原料的羰基合成试验结果列入表 6-15 中。

表 6-15 各种原料的镍、铁羰基合成试验结果

| 试验编号 | 原料编号 | 粒度范围/mm | 羰基合成条件 | | | 残渣镍含量/% | 残渣铁含量/% | 镍合成率/% | 铁合成率/% |
			CO 压力/MPa	时间/h	温度/℃				
K1	8205—1	>2.0	14.7	48	160±10	2.50	7.39	98.6	82.6
K21	8205—1	>2.0	10.7	48	160±10	1.05	6.79	99.4	84.6
K41	8205—1	>2.0	10.7	48	160±10	2.79	7.06	98.4	83.7
K51	8205—1	>2.0	10.7	48	160±10	5.34	4.73	97.1	89.1
K4	8205—1	<2.0	14.7	48	160±10	4.02	7.54	97.5	79.1
K22	8205—1	<2.0	10.7	48	160±10	6.77	13.88	95.9	63.1
K42	8205—1	<2.0	10.7	48	160±10	3.41	11.84	97.9	68.5
K52	8205—1	<2.0	10.7	48	160±10	7.96	9.38	95.0	74.3
K6	8205—2	>2.0	14.7	48	160±10	2.26	9.38	98.4	36.5

试验编号	原料编号	粒度范围 /mm	羰基合成条件			残渣镍含量 /%	残渣铁含量 /%	镍合成率 /%	铁合成率 /%
			CO 压力 /MPa	时间 /h	温度 /℃				
K23	8205—2	>2.0	10.7	48	160±10	1.49	8.05	99.0	45.3
K43	8205—2	>2.0	10.7	48	160±10	1.85	8.71	98.8	42.8
K53	8205—2	>2.0	10.7	48	160±10	2.53	5.74	98.2	63.8
K7	8205—2	0.8~2.0	14.7	48	160±10	2.55	8.80	98.2	41.1
K24	8205—2	0.8~2.0	10.7	48	160±10	2.03	9.62	98.6	34.3
K44	8205—2	0.8~2.0	10.7	48	160±10	2.30	7.59	98.4	48.7
K54	8205—2	0.8~2.0	10.7	48	160±10	3.00	7.35	97.9	50.7
K8	8205—2	<0.8	14.7	48	160±10	4.89	15.85	96.1	
K25	8205—2	<0.8	10.7	48	160±10	5.17	16.13	95.9	
K43	8205—2	<0.8	10.7	48	160±10	8.62	12.54	92.9	4.6
K55	8205—2	<0.8	10.7	48	160±10	6.12	12.42	95.1	8.8
K27	8205—3	0.8~2.0	10.7	48	160±10	1.58	0.37	99.0	59.7
K28	8205—3	0.8~2.0	10.7	48	160±10	1.94	0.92	98.8	57.1

水淬金属化冰镍 8205—3 中镍的羰基合成率最高，达到 99%。

另外，一氧化碳气体的压力为 15MPa 与 10MPa 时，镍的羰基合成率基本相同。所以，采用中压羰基合成是可行的。

羰基合成残渣中铂、钯、铑、铱、锇、钌、金及银等含量列入表 6-16 中。表 6-16 中残渣里铂、钯、铑、铱、锇、钌、金及银的含量与原料中铂、钯、铑、铱、锇、钌、金及银的含量之比的数值，获得贵金属富集的倍数，可见表 6-17。

各种原料经过羰基合成提取镍、铁后，计算贵金属总的富集倍数见表 6-18。

比较表 6-18 与表 6-17 的试验结果，可以看出：羰基合成残渣中铂、钯、铑、铱、锇、钌、金及银的各自富集倍数，与原料经过羰基化提取镍、铁后，通过计算的贵金属总的富集倍数基本相同。此结果更进一步证明：原料中贵金属在羰基合成过程中，没有被羰基化，而是几乎全部富集在残渣中。

表 6-16　羰基合成残渣中铂、钯、铑、铱、锇、钌、金、银等含量

试验编号	原料编号	化学成分/g·t⁻¹							
		Pt	Pd	Rh	Ir	Os	Ru	Au	Ag/%
K1	8205—1	4600	2500	334	383	239.9	983.7	1211	0.44
K21	8205—1	4145	2274	279	422	252.8	837	1380	0.39
K41	8205—1	5136	2815	332	420	207.5	750.3	1250	0.42

试验编号	原料编号	化学成分/g·t⁻¹							
		Pt	Pd	Rh	Ir	Os	Ru	Au	Ag/%
K4	8205—1	3900	2100	292	313	217.6	775.5	1154	0.35
K22	8205—1	3880	2029	260.9	326	217.2	683.0	1160	0.34
K42	8205—1	5176	2512	329	318	200.0	586.3	1110	0.33
K6	8205—2	390	180	21.8	45.5	23.5	58.6	134	0.06
K23	8205—2	390	128	26.4	40.7	28	90.1	117	0.055
K43	8205—2	566	297	25.7	50.6	31.3	86.4	170	0.076
K7	8205—2	350	180	21.1	44.2	28.3	76.5	116	0.036
K24	8205—2	353	155	21.1	40.4	26.7	78.5	143	0.058
K44	8205—2	431	235	14.5	41.4	24.5	73.0	140	0.059
K8	8205—2	260	150	18.6	35.6	20.7	40.5	92	0.035
K25	8205—2	294	127	22.1	35.7	21.1	71.7	99	0.044
K55	8205—2	292	185	16.4	30.6	19.5	36.7	110	0.044
K27	8205—3	239	15.5	2.2	4.0	5.0	15.4		
K28	8205—3	263	15.1	1.4	3.6	4.8	14.6		

表 6-17 残渣中贵金属富集的倍数

试验编号	贵金属富集倍数							
	Pt	Pd	Rh	Ir	Os	Ru	Au	Ag
K1	3.4	3.3	3.1	2.8	3.0	3.6	3.1	2.9
K21	3.0	3.0	2.6	3.1	3.1	3.5	3.5	2.6
K41	3.8	3.7	3.0	3.1	2.6	3.0	3.2	2.8
K4	3.2	3.0	2.7	2.3	2.8	3.4	3.1	3.2
K22	3.2	2.9	2.4	2.4	2.8	3.0	3.1	3.1
K42	4.2	3.6	3.0	2.3	2.6	2.5	3.0	3.0
K6	2.8	2.9	3.5	3.1	2.6	2.4	2.9	3.0
K23	2.8	2.0	4.2	2.8	3.1	3.6	2.6	2.6
K43	4.1	4.7	4.1	3.4	3.4	3.5	3.7	3.8
K7	2.5	3.0	3.1	2.6	3.3	3.2	2.2	1.5
K24	2.5	2.5	3.1	2.3	3.1	3.3	2.7	2.4
K44	3.1	3.9	2.1	2.4	2.8	3.1	2.6	2.5
K8	1.9	2.5	3.8	2.6	3.6	2.8	1.9	2.5
K25	2.1	2.1	4.5	2.6	3.7	5.0	2.0	3.1

续表 6-17

试验编号	贵金属富集倍数							
	Pt	Pd	Rh	Ir	Os	Ru	Au	Ag
K55	2.1	3.1	3.3	2.2	3.4	4.0	2.2	3.1
K27			1.7	2.0	4.1	5.5		
K28	2.7	2.0	1.5	1.5	4.8			

表 6-18   原料羰基合成后计算出贵金属富集倍数

试验编号	富集倍数	试验编号	富集倍数	试验编号	富集倍数	试验编号	富集倍数
K1	3.1	K42	2.8	K24	2.4	K27	2.6
K21	3.1	K6	2.4	K44	2.4	K28	2.6
K41	3.1	K23	2.5	K8	2.2		
K4	2.9	K43	2.4	K25	2.2		
K22	2.7	K7	2.4	K55	2.2		

从图 6-2 所示 K42 原料的 X 光荧光光谱分析结果与图 6-3 中 K42 羰基合成残渣的 X 光荧光光谱分析结果相对照，可以看出：原料中镍羰基合成率达到 95%~99%；铁的羰基合成率达到 50%~80%；铱、铂、金、钯、铑、钌等贵金属富集在残渣中；钴、铜、砷、硒等在残渣中也有明显的富集。

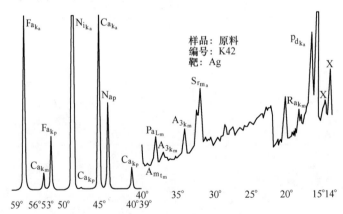

图 6-2   实验编号 K42 羰基合成原料 X 光分析结果

(Fe、Ni、Co、Cu、Ir、Pt、Au、As、Se、Ru、Rh、Pd)

6.3.3   产物分析结果

利用羰基合成富集贵金属试验中，获得的羰基镍络合物进行热分解，获得金属粉末，粉末的化学成分列入表 6-19 和表 6-20 中。粉末中的金及铂族元素含量，均在所采用分析方法的灵敏度下限。

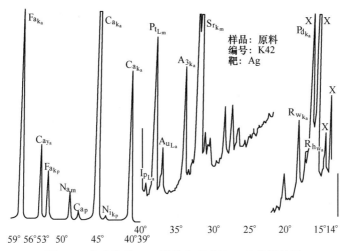

图 6-3　实验编号 K42 羰基合成残渣 X 光分析结果

（Fe、Ni、Co、Cu、Ir、Pt、Au、As、Se、Ru、Rh、Pd）

表 6-19　羰基镍铁粉末常规分析

序号	化学成分/%					
	Ni	Fe	Co	Cu	S	C
F1	余	1.62	0.005	0.002	0.003	0.22
F3	余	1.18	0.005	0.002	0.004	0.11

表 6-20　羰基镍铁粉末中贵金属分析

序号	化学成分/$g \cdot t^{-1}$							
	Pt	Pd	Rh	Ir	Os	Ru	Au	Ag
F1	<1.0	<2.0	<1.0	1.5	1.13	0.89	<1.0	<20
F2	<1.0	<2.0	<1.0	0.87	1.09	1.71	<1.0	<20
F3	<1.0	<2.0	<1.0	1.5	0.82	0.94	<1.0	<20

　　另外，对于编号为 F3 羰基镍粉末产物进行 X 光荧光光谱分析，结果列入图 6-4 中。产物主要由镍和铁组成，不含有铂、钯、铑、铱、锇、钌、金、银、钴等元素。

6.3.4　结论

　　（1）由一次合金、高品位贵金属阳极泥和高冰镍配制的原料，经过水雾化获得高活性的羰基化原料。在 CO 压力为 10MPa、温度为 160±10℃、48h 时羰基合成，镍的合成率达到 95%~99%。

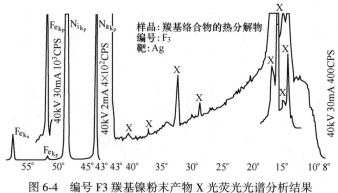

图 6-4　编号 F3 羰基镍粉末产物 X 光荧光光谱分析结果

（2）在中压及高压羰基合成中，原料中贵金属没有流失，均富集在残渣中。

（3）钴、铜、砷、硒等元素在残渣中也有不同程度的富集。

6.4　羰基法精炼镍富集贵金属的综合解析

羰基法富集贵金属的试验结果，对于大规模工业化生产的设计，提供了科学的基础数据。从研究活性原料水雾化、原料的硫含量、原料的颗粒大小对于羰基镍合成率及贵金属富集的影响；羰基镍合成温度、一氧化碳气体压力及合成时间对于羰基镍合成率及贵金属富集的影响；合理的设计羰基合成条件，尽量提高羰基镍合成率及贵金属的富集倍数对于实际生产具有指导意义。

金川集团公司的硫化镍矿，不但含有镍、铜、钴，同时还伴生贵金属。本实验结果对于我国含有贵金属镍资源的综合利用具有实际应用意义。

在利用羰基法精炼镍工艺来富集贵金属的研究中，从原料的制取到一系列合成参数的实验，所获得的每一个数据都是非常重要的，忽略任何一个都会影响贵金属的富集。具体的工艺要求如下。

6.4.1　活性原料的制取

（1）原料中硫含量的控制。含有贵金属的铜-镍合金原料中，铜与硫比例控制大约为 Cu:S=4:1。

（2）经过水雾化获得高活性的羰基化原料。含有贵金属的 Cu-Ni 合金经过熔融后，再经水雾化迅速冷凝制成颗粒。当合金中硫化物均匀地分布在颗粒中，此时获得的颗粒原料才具有羰基合成活性。

（3）原料颗粒大小的控制。原料颗粒应控制在 1~1.5mm。

（4）硫化物在颗粒中均匀地网状分布。原料中硫含量及水雾化骤冷制成的颗粒是获得羰基合成活性的关键。硫化物在颗粒中均匀地网状分布，是加速合成的必要且充分条件。因为一氧化碳气体向颗粒内部渗透速度及羰基络合物从颗粒内部向颗粒外扩散速度,完全依靠硫化物的网状通道。合成釜内部处于动态是打破羰基合成平衡的有效方法。几种有利因素的集合作用,就会加速羰基合成反应速度,提高羰基镍及羰基铁络合物的合成率,从而也提高贵金属的富集量。

6.4.2 羰基合成工艺条件选择

(1)羰基法精炼镍条件下贵金属不可能形成羰基络合物。将贵金属制成羰基络合物,要在高压反应釜中加入一定量的还原剂,将贵金属各类化合物还原成金属状态。这在羰基法精炼镍工艺是不具备的,即使将某些贵金属还原成金属状态。如:钌、铑处在非常活泼的情况下,也需要 CO 压力>19~25MPa,温度>180℃,才能够形成羰基络合物。在一定的温度及压力下获得的元素铱、锇、金及银等金属原子处于非激发状态,不能够与 CO 分子结合,不能够形成羰基络合物。

(2)羰基合成条件设计。对于本实验原料,羰基合成富集贵金属的最佳合成条件为:CO 压力为 10~12MPa、温度为 160±10℃、时间为 48h。

(3)动态合成方式。在羰基合成过程中,控制合成釜内羰基镍及羰基铁络合物产物,不断地随着一氧化碳气体排出;同时也不断地往合成釜内补充一氧化碳气体,使得合成釜内维持设定的压力。合成釜内部的动态作用会加速羰基合成速度。

6.4.3 原料中镍与铁的羰基合成率及贵金属富集

(1)原料中镍与铁的羰基合成率。在 CO 压力为 10~12MPa、温度为 160±10℃、时间为 48h 时羰基合成,镍的合成率达到 95%~99%,铁的合成率达到 68%~85%。

(2)原料中贵金属的富集。在中压及高压羰基合成中,原料中贵金属没有流失,均富集在残渣中,富集品位达到 3~4 倍。同时钴、铜、砷、硒等元素在残渣中也有不同程度的富集。

参 考 文 献

[1] 冶金工业部情报研究所陈维东. 国外有色冶金工厂:镍与钴 [M]. 北京:冶金工业出版社,1985.

[2] 滕荣厚,等. 诸因素对羰基镍合成的影响 [J]. 钢铁研究总院学报,1983,3 (1):38.

[3] Boadford C W. Platinum Met. Rev. ,1972,16:2.

[4] Бёлозерский Н А. Карбонилй Металлов. Москва. Научно. тёхничесое из дательства. 1958, 27:254~311.

［5］Сыркин В Г. Карбонили Металлов. Москва. Металлургия издательства. 1978：107.

［6］谭庆麟，等．铂族金属［M］．北京：冶金工业出版社，1978.

［7］钱东强，刘时杰．中国专利，ZL95106124. 0，C22BII/00，1995.

［8］Liu Shijie，et al. Precious Metals 1996. USA：Proceeding of 20th IPMIC，1996：451.

［9］刘思林，陈趣山，滕荣厚．镍羰化过程中贵金属富集的研究［J］．有色金属，1998 （3）．

7 羰基镍络合物的热分解

7.1 羰基镍络合物的分解反应机制[1~5]

7.1.1 羰基金属络合物的热分解

羰基金属络合物是一种极不稳定的络合物。当羰基金属络合物处在相应高的热能、声能、光能及强电磁场的作用下，羰基金属络合物按其规则热解离成金属和一氧化碳气体。俄罗斯科学家 Дbroap 和 Дncoue Mummam 早就指出：羰基镍络合物的蒸汽在低于这个化合物蒸发的温度以下，就开始被分解成金属镍和一氧化碳气体 $[Ni(CO)_4 \rightarrow Ni + 4CO]$。羰基金属络合物的热分解反应为吸热反应，当羰基金属络合物被加热到一定温度时，就会产生分解反应。羰基金属络合物气体解离的一般通式如下：

$$\{Me(CO)_n\} \rightarrow \{Me\} + n\{CO\}$$

式中，Me 为金属元素；CO 为一氧化碳气体。

当羰基镍络合物蒸汽热分解反应的活化能超过 50.16kJ/mol（经研究确定：在刚刚开始热分解的瞬间，活化能为 78.21kJ/mol，然后逐渐上升到 111.52kJ/mol）时，分解反应就开始了。在热分解炉中，羰基镍络合物分解释放出 CO 气体，分解反应就受到阻碍。

羰基金属络合物分子进行分解的第一段是呈现出金属原子和一氧化碳气体分子；接着进行气态金属原子的气相结晶，形核及核的长大过程；然后，核心集聚逐渐开始形成金属粉末。

研究羰基镍络合物的光化分解反应也证明：羰基镍络合物的热分解反应与光化分解反应过程是极为相似的。当羰基镍络合物蒸汽完全吸收 3950nm 波长的光时，吸收光的作用就是意味羰基镍络合物分解的开始。

$$Ni(CO)_4 + h_r \longrightarrow Ni(CO)_3 + CO$$
$$Ni(CO)_3 \longrightarrow Ni + 3CO$$

光化学的分解速度是由下面的方程式来确定的：

$$\frac{dx}{dt} = \frac{k_1[Ni(CO)_4]}{k_2 + k_3[(CO)]}$$

式中，方括号内表示化合物的浓度。

Баун 根据多次的实验结果得出的结论为：羰基镍络合物的热分解是一个非常复杂的过程。热分解从开始直到分解接近 60% 时，热分解的速度几乎保持不变。羰基镍络合物蒸汽在热分解器壁上进行热分解则形成镍涂层，类似镜子面。当热分解系统中 CO 气体的浓度不断增加时，羰基镍络合物蒸汽的热分解受到阻碍，分解的速度会降低，主要原因是 CO 气体的吸附速度要比羰基镍络合物蒸汽快。羰基镍络合物热分解的进行过程非常相似于光化学分解。

$$Ni(CO)_4 \overset{K_1}{\underset{K_2}{\rightleftharpoons}} Ni(CO)_3 + CO$$

$$Ni(CO)_3 \overset{K_3}{\longrightarrow} Ni + 3CO$$

7.1.2　羰基镍络合物热分解的速度

羰基镍络合物热分解的速度类似光分解的形式，羰基镍络合物蒸汽热分解速度以下面的方式进行：

$$-\frac{dp}{dt} = k_0 \frac{a_0 \, p_{Ni(CO)_4}}{1 + b_0 \, p_{CO}}$$

式中，a_0、b_0 为吸附常数。

在 60℃ 和 80℃ 下羰基镍络合物蒸汽的吸附热为 78.21kJ/mol 和 111.52kJ/mol；而 CO 为 16kJ/mol 和 33.31kJ/mol。

利用质谱分析仪测量热分解器系统中的气氛后，发现羰基镍络合物蒸汽热分解时有 $Ni(CO)_3$、$Ni(CO)_2$ 和 $Ni(CO)$ 存在。

7.2　羰基镍络合物的分解反应是一级反应[1]

四羰基镍络合物的分解反应是一级反应，其热分解的反应式为：

$$Ni(CO)_4 \longrightarrow [Ni] + 4[CO]$$

四羰基镍络合物的分解速度是由下面的方程式来确定的：

$$\frac{dx}{dt} = F'Q(A - X) - FQX^4$$

式中，A 为四羰基镍络合物的原始浓度；X 为某一瞬间的 CO 浓度；F' 为分解速度常数；F 为合成速度常数；Q 为镍的活性表面。

K 和 K' 是常数，它与反应速度，活性表面的大小，吸附速度及产品的扩散速度有关。

$$\frac{dx}{dt} = 0 = K'(A - X) - KX$$

对于平衡态

$$K X^4 = K'(A - X)$$

$$\frac{K'}{K} = \frac{X^4}{A - X} = R$$

A. MUTTAW 认为：四羰基镍络合物瞬时的分解量按照下面的公式计算：

$$N = \frac{\lg\left(\dfrac{dp_1}{dt_1} : \dfrac{dp_2}{dt_2}\right)}{\lg(p_1 : p_2)}$$

在 70℃时，四羰基镍络合物分解反应级数的确定列入表 7-1 中。

表 7-1　70℃时四羰基镍络合物分解反应级数的确定

$\Delta p_1/\Delta t_1$	$\Delta p_2/\Delta t_2$	$p_1 : p_2$	N
25.3：3	4.5：3	376：237.3	1.23
15.3：3	3.5：3	376：136.5	1.03
15.3：3	13.5：3	376：75.4	0.88
15.3：3	3.6：3	376：28.5	0.98
15.3：3	16.0：3	247.0：141.0	0.84

从上表可以看出：四羰基镍络合物热分解反应为一级反应。

7.3　羰基镍络合物合成及热分解的平衡常数[1]

科学家已经确定了羰基镍络合物合成及热分解的平衡常数，羰基镍络合物的热分解及合成平衡常数列入表 7-2 中。反应方程式为：$Ni+4CO_4 \rightleftharpoons Ni(CO)_4$。

表 7-2　四羰基镍络合物的热分解及合成平衡常数

温度/℃											
20	25	30	50	70	100	150	200	250	300	350	400
常数的对数											
4.3	0.22 4.4	3.09	2.4	1.6	1.1 0.7 1.8	3.5 3.4 5.3	4.9	6.3	7.4	8.4	9.3

随着温度的升高，四羰基镍络合物合成反应速度加快，而四羰基镍络合物的分解速度也会增加，四羰基镍络合物随着温度改变的分解量列入表 7-3 中。

表 7-3　四羰基镍络合物随着温度改变的分解量

温度	17	35	62	69	73	79	90	98	129	182
分解量/%	0.0	0.1	0.3	0.8	11	19	26	58	85	98

四羰基镍络合物在 50℃和 CO 压力为 0.2MPa；100℃和 CO 压力为 1.5MPa；180℃和 CO 压力为 3MPa；250℃和 CO 压力为 10MPa 时是稳定的。

研究表明：四羰基镍络合物蒸汽在低于 180℃进行热分解时，获得的四羰基镍络合物粉末中不含有碳，由此可见，四羰基镍络合物的分解是按着下面的形式进行的。

$$Ni(CO)_4 \rightleftharpoons Ni + 4CO$$

而羰基镍络合物分解不是按着上面的形式进行的分解反应时，则以如下的分解反应进行：$Ni(CO)_4 \rightarrow [Ni] + 2[C] + 2[CO_2]$，分解产物有二氧化碳气体和单质碳。

羰基镍络合物分解反应的速度常数为：

$$\frac{k_1}{k_1 + k_2} = 1.0222 - 6.6 \times 10^{-5}t$$

7.4 羰基镍络合物分解的气相结晶过程[1,3,5,6]

羰基金属络合物是极其不稳定的物质，即使是在低于常态下也有少量的羰基镍络合物进行缓慢地分解。Дbroap 和 Дncoue Mummam 等人早就指出：羰基镍络合物的蒸汽在低于这个化合物蒸发的温度下就开始被分解成金属和一氧化碳。羰基金属络合物蒸汽解离的一般通式是：$\{Me(CO)_n\} \rightarrow \{Me\} + n\{CO\}$。

通常在制取羰基金属粉末过程中，羰基金属络合物需要在相应高的温度作用下分解，羰基金属络合物按其规则热解离成金属原子和一氧化碳气体。金属原子通过气相结晶形成晶核、晶核长大及团聚形成形状各异、不同尺寸的粉末颗粒。

利用羰基金属络合物热分解，制取粉末的过程主要包括三个阶段：第一个阶段是羰基金属络合物的热分解；第二个阶段是气态金属原子的气相结晶形核；第三个阶段是核心的长大及聚集处理。羰基金属络合物热分解制取粉末过程中，除了羰基金属络合物分解为化学过程外，气态金属原子结晶的特点均为物理过程。应该指出的是：气相结晶的机理与液相结晶的机理不同。

由于羰基镍络合物和羰基铁络合物是最早被发现，同时也是最早被利用精炼金属镍和铁的化合物。所以，科学家对于羰基镍和羰基铁络合物的热分解机制的研究也是最系统化和理论化的。在研究其他羰基络合物，如：羰基钴、羰基钨、羰基钼的热分解气相结晶的过程中，发现与上述两种络合物的分解过程几乎十分相似。所以，下面采用羰基金属络合物的统称来叙述，基本代表羰基金属络合物的热分解过程。

7.4.1 羰基金属络合物的分解气相结晶机制

羰基金属络合物从热分解到气相结晶，再到形成颗粒的过程，是分为三个阶段进行的。第一阶段是呈现出金属原子和一氧化碳气体分子；接着第二阶段是原子气态金属进行气相结晶，金属原子的气相结晶过程包括两个步骤：形核和核的长大，也就是金属原子在浓度的起伏及热能的共同作用下开始形核，接着是核心的长大；第三阶段是颗粒的形成（多晶体、聚合体），金属晶体质点在热运动的作用下就开始聚合、团聚，最后形成形状各异的粉末颗粒。

7.4.1.1 羰基金属络合物热分解气相结晶

羰基金属络合物热分解后，生成的气态金属原子，通过聚集组合成晶体的核心。气态的金属原子聚集形成晶核时需要具备如下的几个条件：

（1）能量的起伏：在结晶前的瞬间，当一团气态金属原子所具有的平均自由能，高于周围金属原子的平均自由能时，该集团原子趋向进入准晶体态。

（2）气态金属原子的浓度起伏：在结晶前的瞬间，当一团气态金属原子所具有的浓度，高于周围气态金属原子的平均浓度时，该集团的金属原子趋向进入准晶体态。

气态金属原子的结晶过程包括两个阶段：形核和金属质点的形成（聚合体，晶体）。按着 Cakyu、WmpayuaHuc、KaycuoH、KunuH 和 6aHu 等人的报告资料指出：在热分解器内环境中的形成温度是起着主导作用的，热分解器的放电程度以及金属汽的密度（浓度）等诸因素，都影响到金属原子气相结晶的速度和在单位体积中的形核数量的速度。羰基金属络合物在相应高的温度下进行热分解，要比低温下形核的数量要多；增加羰基络合物的浓度和降低设备中的真空度有助于形核。

7.4.1.2 形核及核的长大

羰基金属络合物热分解后形成晶核及晶核长大的过程，不同于金属的液相结晶过程。晶核的长大是在气相环境下进行的。一般来说晶核具有的能量要高于周围的能量，当晶核吸附气态金属原子后，获得了额外的碰撞能及吸附能。所以，晶核表面温度要高于周边的温度，此时处在晶核表面上的金属原子在热运动的作用下，比较容易的移动到晶格的结点。晶核表面吸附的金属原子不断地稳定在晶格结点后，晶体就连续地长大。

晶核（质点）的自身长大或者机械合并长大的过程，可以按着下面的形式来描述。在分解器上部产生的晶核或者金属质点，它们是处在刚刚产生的金属原子、羰基金属络合物分子和一氧化碳的气体包围中。同时气-固混合物流也在无规则运动，该过程中既有互相碰撞，又有热分解的混乱状态。为晶核或者金属质点把吸附金属原子移动到晶核或者微质点的表面上提供更多的机会。处在吸附层和具有两个方向自由移动的金属原子，力图要求占据结晶格子中的自由点阵，当金属原子占据结晶格子中的自由点阵后就稳定在晶格结点上。当大量的金属原子不断地移动到晶格结点时，晶体就会迅速长大。

尽管金属原子气相结晶的产生条件，对于系统的温度场和金属原子气的密度有着十分强烈的依赖过程，但是结晶核心的成长条件，却不同于它们结晶的形成条件。在高真空条件下形成羰基金属络合物热分解产生的金属原子，其形成的晶核尺寸是非常小的，可以在真空系统的内壁上产生十分灿烂的金属镜面涂层。在真空系统热分解的观察区域里，金属镜的沉积是以单个结晶作为堆积物。羰基铁镜面涂层是次微晶粒和为数不多的次微小质点组成；羰基金属络合物在适当的真空度下进行热分解时，获得了不同尺寸的结晶混合物；在低真空时则呈现树枝状。

通过对于羰基镍络合物蒸汽热分解具体情况的研究得出：羰基镍络合物蒸汽在 300℃进行热分解时，在热解器上部区域内，金属蒸汽的密度非常大，而温度又低于金属硬化的温度。所以，形成晶核的速度相当大，获得大量的镍晶核。在热分解器上部的热分解区，不断地供给新鲜的羰基镍络合物蒸汽，同时那里热解离进行得最激烈。因此，金属晶核的形成及长大的速度也是最快速的。在热分解器下部的功能仅仅提供晶核进行合并、组成金属质点、质点颗粒的长大及颗粒的表面处理等功能，最后形成粒度不同的羰基镍粉末。

应当指出：羰基金属络合物分子与晶核或者微质点过热表面碰撞时，羰基金属络合物就获得了足以使其立即分解的足够热量，分解为金属和一氧化碳气体。CO 分子在新生金属质点（镍或者铁）过热活化表面的催化作用下，CO 分子最易破坏 [$CO \rightarrow CO_2 + C$]，形成游离碳和二氧化碳及金属碳化物。游离出的碳和碳化物等杂质就被吸附在新生结晶金属核心质点的表面上。在晶核长大的所有这些过程中，晶核内不断地伴随碳及碳化物沉积。晶核的长大过程就是层状不断叠加发展的过程。例如：羰基铁粉末质点的葱头状结构是该成长过程的最圆满的描述及解释。图 7-1 所示是羰基铁粉末的洋葱状结构。

图 7-1　羰基铁粉末的洋葱状结构

7.4.2 羰基金属络合物热分解气相结晶的影响因素

研究指出：在热分解设备中的温度是最重要的影响因素。此外，热分解器中的放电程度、金属汽的浓度等诸因素，都会影响到金属原子气相结晶的速度和在单位体积中的形核数量。在相应高的温度下，要比低温度下形核要多；增加羰基络合物蒸汽的浓度和降低设备中的真空度有助于形核。

在质点表面上吸附的金属原子具有两个方向的迁移性。吸附层（质点或晶核表面）的温度越高，吸附原子的迁移性就越高。它就越容易达到结晶晶格的自由点阵，越容易形成具有正晶界的结晶。

在热分解的系统中，以下的几个方面因素会影响晶核的形成及长大速度。

（1）热分解系统温度的影响。在热分解器系统中，提高温度会增加晶核热运动的能量，进而增加质点（气态金属团、准晶体）间的碰撞机会，有利于晶核长大。

（2）热分解系统的羰基金属络合物浓度的影响。羰基金属络合物浓度的增加，不但很自然地会增加热分解器空间的金属原子的浓度，而且也增加羰基金属络合物在结晶核心的表面上进行热分解，为核心长大不断地输入新的金属原子。

（3）热分解系统中惰性气体的影响。在热分解器系统中，有惰性气体加入时，会增加了阻碍金属质点的碰撞机会，减少了碰撞长大的可能性，有利于晶粒细化。所以，在热分解系统中输入的惰性的稀释气体，直接影响粉末的粒度大小，是制取细粉的方法之一。

（4）稀释气体的影响。在羰基金属络合物进行分解时，为了获得粒度不同的金属粉末，都要利用稀释气体（惰性气体及还原气体）。当增加稀释比例时［稀释气体流量（L/min）：羰基金属气体流量（L/min）］，得到颗粒细的粉末；相反会获得颗粒粗大的粉末。特别应该指出的是：在利用稀释气体时，必须考虑到稀释气体在热分解器中的物理化学作用。稀释气体的物理化学作用，不但可以影响金属原子的气相结晶状态，进而导致改变粉末的粒度及形状；同时给金属粉末掺入杂质，如粉末中增加碳含量。

（5）羰基镍络合物在不同气氛中的分解率。当增加 CO 分压时，四羰基镍络合物的热分解速度降低；当 CO 压力降低时，分解速度加速，因为四羰基镍络合物热分解反应的速度与气相的体积相关。实验数据显示：在 CO 气氛中，温度为 100℃时，四羰基镍络合物的分解率为 0.5%；在氮气中为 6.7%；在氢气中为 16.7%。

四羰基镍络合物在不同气氛中的分解率列入表 7-4 中。

表 7-4 四羰基镍络合物在不同气氛中的分解率

气体	温度/℃									
	63	66	81	100	110	129	135	155	182	216
	分解率/%									
N	0.7~2.7	—	6.2	6.7~8.8	25.4	76.5	—	94.3	89	93
H	—	—	—	16.7	—	—	—	—	—	—
CO	—	0.15	—	0.4~0.6	4.4	5.4	72	88.8	88	99.7

由此看见,四羰基镍络合物热分解的完全性,取决于反应区内排出的 CO 气体的速度。

(6)热分解系统的空间大小。热分解器的高度增长,有利于晶核的长大。这是由于增加了质点在热分解器中的降落路径,增加了质点在热分解器中停留的时间,提高了质点之间的碰撞机会,有利于制取粗大颗粒粉末。

(7)热分解系统的压力。热分解器系统压力增加,不利于晶核长大,因为热分解器中稀释气体的密度增加,阻止质点之间碰撞的机会增加。但是在实际热分解制取粉末的过程中,热分解器的内部压力是可以进行调控的,一般控制在小于 250mm 的水柱高。

(8)热分解系统的气流速度。增加热分解器内的气流速度,使得晶核在高温区停留时间短,有利于制备细粉末。

从上述的机理可知:欲控制羰基金属络合物气相结晶颗粒的大小,必须综合考虑到热分解温度、羰基金属络合物浓度及稀释气体三个主要影响因素。为此,特别指出以下四点:

(1)上述的三个影响因素,在一定的条件下可以同时发生或者交错进行。

(2)热分解器里瞬间可以获得大量的结晶核心,为了获得具有一定粒度的粉末,必须协调温度、浓度的相互制约的关系。

(3)晶核的长大不仅取决于羰基金属络合物气体在核心表面上分解的多少,同时也取决于碰撞长大的机会。

(4)粉末颗粒的大小,在很大程度上取决于羰基金属络合物供给生成晶核的数量 Q 与供给晶核长大数量 q 的比例。若是 $Q:q$ 越大则粉末颗粒越细;反之则粉末颗粒越粗。

此外,还有以下方法促进加速形成晶核速度和核心数量:在热分解器喷口处载入添加核心,羰基金属络合物气体与外添加核心(纳米镍、铁颗粒)同时进入热分解器,不但提高气态镍原子形成晶核速度,而且还增加结晶核心;加外能量,如声能、光能、电磁能等;添加某些化合物,如卤化物、二苯醚等。

7.4.3 羰基金属粉末的形成

羰基金属络合物在热分解过程中产生的金属原子，通过气相结晶形成晶核，晶核的长大及核之间的聚集，逐渐形成具有一定尺寸的颗粒。当具有一定尺寸的颗粒在重力的作用下，以自由落体的速度降落时，颗粒不会再长大而保留一定的几何形状，这就形成羰基金属粉末。

羰基金属络合物热分解后，所形成的羰基金属粉末颗粒的平均粒度及粒度分布，是受到多种因素控制的。在热分解器上部区域形成的核心质点非常小，这些质点的运动的速度，不但取决于质点的自身热运动速度，同时也受到热分解器内由上往下运动气流的影响。因此，从每个核心的形成到长成具有一定粒度的粉末，经过计算可知：颗粒成长过程的真正行程，要比气流的行程大十万倍。这就为单个质点与镍原子之间的碰撞提供了更多机会，进而促进了金属结晶的自身长大及逐渐合并长大；同时也为羰基金属络合物在金属质点表面上进行分解沉积提供机会。在质点不断合并长大后，质点由于受到重力影响，运动的质点在单位时间里所运动的路程在开始时较短，最后以不同的粉末粒度沉积下来。

羰基金属粉末的成长过程不仅与热分解区域的温度、羰基金属络合物的蒸汽浓度、气态金属原子的浓度、核心的浓度、气流速度以及质点本身的重量有关，而且还与热分解器的几何尺寸密不可分。可以得出：在粉末颗粒尺寸达到在重力的作用下并以自由落体降落时，实际上多数的质点并没有增加尺寸。利用 Cmok 的形式可以近似的给出：羰基镍粉末开始自由降落的尺寸为 $2 \sim 3\mu m$。这些粉末的粒度分布组成得出：颗粒尺寸为 $3 \sim 5\mu m$ 占最大重量的百分数。

在分解器的顶部温度足够高时，两个质点在碰撞时析出的热，使得质点具有过热的表面，可以致使两个质点焊接而形成复杂的组合体，被焊接在一起的质点再发展就成为了棉絮状结构。在低温热分解时，是因为在这里的金属蒸汽和温度还足够高。由于羰基金属络合物吸收大量的热量才能够分解，而热解器的上部区域来不及瞬间提供大量的热能。因此，在羰基金属络合物蒸汽开始大量进入热分解器时，同时碰撞的热效应不能致使质点的焊接，是不能呈现棉絮状粉末的。两个颗粒碰撞时，所产生的碰撞热要比它们焊接在一起的热量要低，这些颗粒的物理团聚呈现海绵体。

如果羰基金属络合物蒸汽在气体介质中进行分解，形成的金属原子周围存在着稀释的气体分子。已形成的晶核和金属颗粒与大量的稀释气体的分子相撞，稀释气体分子吸附在这些颗粒的表面上。相反，金属颗粒、金属原子及羰基金属络合物分子之间的碰撞受阻，在这样的环境条件下长大就很困难。所以，金属颗粒的长大减缓了，就获得了较小颗粒尺寸的羰基粉末。

羰基镍络合物热分解产生的金属气态原子，在反应器系统能量的作用下，进行气相结晶形成晶核（质点）。晶核的自身长大或者通过机械合并长大，是以下面的形式进行的：

（1）在分解器上部刚刚形成晶核质点，晶核质点处在具有多数金属原子、羰基金属络合物分子和一氧化碳的气体包围中。如果晶核它们之间互相碰撞，在热运动的作用下，晶核质点会焊接在一起，使得晶核不断地长大。

（2）晶核与金属原子之间的碰撞，同时把金属原子吸附到晶核质点的表面上。处在吸附层和具有两个方向自由移动的金属原子，力图要求占据结晶格子中的自由点阵，当金属原子移动到晶格结点并稳定地占据结点位置时，晶核也在不断地长大。

（3）羰基络合物分子与过热晶核质点表面碰撞时，立刻获得了足以使羰基镍络合物立即分解的足够热量，分解出金属原子和 CO 分子。新生态的金属原子沉积在核心表面，使得核心不断地长大，而部分的 CO 气体，在金属质点的过热活化表面上最易破坏成碳和二氧化碳 $[CO \rightarrow CO_2 + C]$。所有这些过程的结果使得结晶过程不断发展。观察羰基镍、铁粉末质点内部的葱头状结构，充分解释了结晶颗粒的长大过程。

羰基粉末颗粒的平均尺寸，是由下列因素所确定的。在分解器上部区域的核心质点非常小。他们运动的速度取决于气体由上往下运动的气流的总速度。因此每个核心的真正行程，要比气流的行程大十万倍左右。这就为单个质点与镍原子之间的碰撞提供了优越条件，进而导致了金属结晶的逐渐合并。结晶质点的合并受到往下方向的质点的重力和热运动活力的影响。正像在分解器中的气流运动一样，运动的质点在单位时间里所运动的路程在开始时较短。因此，金属羰基粉末质点的平均尺寸，不仅与温度、热分解器的尺寸有关，而且还与气流速度、金属蒸汽的浓度，核心的浓度以及质点本身的重量有关。

羰基镍络合物蒸汽在进入分解器后，被加热到高温进行热分解，羰基镍络合物蒸汽尚未达到分解器壁时，就已经完全分解，获得粒度较细的疏松或者是絮状物。在 250～300℃进行热分解时，获得球状粉末，粉末粒度随着热分解温度的增加而变小。羰基镍络合物粉末含碳量是随着温度的升高而增加，例如：300℃时羰基镍粉末中 C 含量为 0.04%；400℃时 C 含量为 0.69%。

羰基镍络合物粉末中的碳是由 CO 分解的产物。实验表明：在 270℃时，CO 分解仅仅生成 Ni_2C（含碳量为 6.3%）；在 290～380℃时生成含碳量较高的碳化物 $Ni_3C_1 + X$，此化合物不稳定，立刻分解成 Ni_3C 和游离碳；温度高于 420℃时，碳化镍不稳定开始分解（$Ni_3C \rightleftharpoons 3Ni + C$）。在温度高于 180℃时，碳化物中的碳与氢气发生反应生成甲烷排出，降低了羰基镍络合物粉末中的碳含量。碳元素仅在高于 400℃时才能够与 H 反应。

7.5　羰基金属络合物的分解方式[1,3~6]

在不同的热分解方法及不同的热分解条件下，进行羰基金属络合物热分解来制备产品时，不但能够获得不同类型的金属产品，而且还能够获得具有优良的物理及化学性能的产品。如：颗粒状材料、纤维材料、不同几何形状的膜状材料、复合材料、空心材料以及梯度材料等。不同种类的产品是通过不同的热分解的方式来获得的。下面介绍常用的几种羰基金属络合物的热分解方式。

7.5.1　羰基金属络合物在气体介质空间中自由热分解

当羰基金属络合物被限定在一个充满不同气氛的空间中，进行自由的解离时，羰基金属络合物热分解所需要的能量，可以采用电加热，也可以采用燃气加热供给。羰基金属络合物解离所产生的气态金属原子通过气相结晶、形核及核的长大，形成各种类型的粉末体，如纳米级金属粉末、微米级粉末及多元合金粉末。其热分解的气氛有如下几种。

7.5.1.1　羰基金属络合物在还原气氛中热分解

（1）羰基金属络合物在一氧化碳气体中热分解。羰基金属络合物在还原气氛中热分解，应用最为广泛的是在一氧化碳气体气氛中。世界上各个国家精炼厂生产的羰基镍粉末和羰基铁镍合金粉末，都是在一氧化碳气体气氛中进行热分解，其缺点是粉末中增加碳含量。当新生态的镍和铁产生时，由于它们的催化作用，促使 CO 气体分解，产生游离碳和二氧化碳，增加粉末中碳含量。其化学反应为：

$$2CO \longrightarrow CO_2 + C；3Ni + C \longrightarrow Ni_3C$$

（2）羰基金属络合物在氢气中的热分解。在热解器中导入氢作为稀释气体，从此就强烈地减少粗大的质点，而获得比较细的粉末。例如：羰基镍热分解制取超细镍粉末时，由于新产生的超细镍粉末具有高活性，当热分解器内存在 CO 和 H_2 时，在镍粉末极强的催化作用下，为下列反应的进行制造了条件：

$$3Ni + CO + H_2 \longrightarrow Ni_3C + H_2O$$

结果，用 H_2 来作稀释气体时，所获得 Ni 的粉末常常含有大量的碳。表 7-5 为用 H_2 作 $Ni(CO)_4$ 稀释气体时，对粉末粒度、松比和含量的影响。

表 7-5　用 H_2 作 $Ni(CO)_4$ 稀释气体时，对粉末粒度、松比和含量的影响

加入 H 含量 /%	粉末粒度分布/%								松比 /g·cm^{-3}	含 C 量/%
	到 1μm	1~2μm	2~3μm	3~4μm	4~5μm	5~6μm	6~7μm	7~8μm		
0	52.0	23.7	10.1	5.7	3.2	2.0	0.7	0.4	2.9	0.11

续表7-5

加入 H 含量 /%	粉末粒度分布/%								松比 /g·cm⁻³	含 C 量/%
	到 1μm	1~2μm	2~3μm	3~4μm	4~5μm	5~6μm	6~7μm	7~8μm		
6.5	52.5	23.3	11.6	6.6	3.3	1.4	0.7	0.2	2.58	0.10
8.0	52.5	23.6	12.0	6.2	3.2	1.5	0.8		2.65	0.11
19.0	77.0	10.7	6.5	3.4	1.4	0.3			1.54	0.20
31.8	77.7		6.1	4.0	1.0				1.0	0.58
59.0	81.2	11.0	4.8	1.7	0.5				0.85	

7.5.1.2 羰基金属络合物在惰性气体中热分解

羰基金属络合物在惰性气体（氮气、氩气等）中热分解，可分为以惰性气体为稀释气体的热分解和以惰性气体为热源的热分解两种热分解方式。羰基金属络合物在惰性气体中热分解，主要目的是制取高纯度金属产品；同时也适用制备粒度小于微米级羰基金属粉末。常用的惰性气体为氮气。

（1）在预热惰性气体中的热分解。羰基金属络合物在预热惰性气体中的热分解，是以惰性气体为热源的热分解。首先是将惰性气体预热到一定的温度，以一定的流量加入热分解器中与气态羰基金属络合物混合气体相遇，则羰基金属络合物立刻分解。惰性气体预热分解法非常适合制取纳米级粉末，因为惰性气体预热分解法具备如下特点：热分解反应区的温度均匀；气态羰基金属络合物的浓度均匀；羰基金属络合物气体与预热的惰性气体能够充分混合，瞬间热分解产生大量的晶核。新生的晶核随着气流迅速离开反应区，不但晶核热动能降低，而且金属原子的浓度也低，因此核的长大受阻，容易制取纳米级的粉末。利用惰性气体预热法生产纳米级粉末和纳米级粉末的方法，与壁式加热热分解器相比较，惰性气体预热法不但产量高，而且气体及热量消耗都大大地降低。制取纳米级羰基镍粉末的预热炉热分解器如图7-2所示。

（2）以惰性气体为稀释气体的热分解。羰基金属络合物，以惰性气体为稀释气体的热分解，热分解所需要的热能是依靠被加热的热分解器的器壁导入的。热分解器的加热方式很多（电加热、热风、导热油等），通常采用电加热的较多。羰基金属络合物在惰性气体中热分解，主要目的是制取碳含量低的金属产品中，适用制备粒度小于微米级的羰基金属粉末。

冶金工业部钢铁研究总院羰基金属实验室，于20世纪60年代，研究制取超细羰基镍粉末的热分解器如图7-3所示。

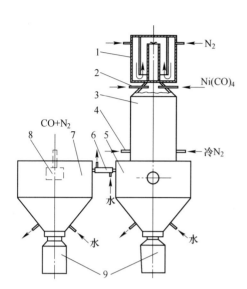

图 7-2 氮气预热炉

1—预热炉；2—喷口；

3—反应区；4—氮气入口；5—料仓；

6—冷却管；7—料仓；8—分离器泵；

9—收粉末瓶

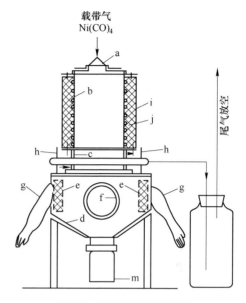

图 7-3 稀释氮气热分解器

a—入口；b—电加热套；c—冷却区；

d—冷却套；e—分离器；f—窥视孔；g—橡胶手套；

h—气体出口；i—钢外套；j—保温材料；

m—收粉末瓶

（3）CO_2 作为热分解稀释气体。在用 CO_2 作为热分解稀释气体时，形成的羰基金属粉末使产品含 O_2 量增加。这是通过在气相中金属蒸汽与 CO_2 作用来实现的 $Ni + CO_2 \rightarrow [NiO] + [CO]$。用 CO_2 作稀释 $Ni(CO)_4$ 时，对粉末的粗大性、松比、氧化性的影响，见表 7-6。

表 7-6 用 CO_2 作稀释 $Ni(CO)_4$ 时对粉末的粗大性、松比、氧化性的影响

CO_2 含量/%	按粗大性的分布/%								松比 /g·cm⁻³	氧化物 含量/%
	到 1μm	1~2μm	2~3μm	3~4μm	4~5μm	5~6μm	6~7μm	7~8μm		
0	53.0	25.0	8.8	4.5	2.3	1.8	1.4	1.1	3.1	0.018
0.6	82.0	10.6	4.0	2.0	1.3				2.64	
22.4	79.7	9.7	5.9	2.4	1.5				1.4	
25.7	82.4	10.1	4.2	2.2	1.1				1.4	4
48.7	83.0	10.5	4.0	1.9	0.6				0.08	0.125
64.1	83.4	11.0	3.8	1.5	0.4				1.0	0.220

7.5.1.3 羰基金属络合物在氧化气氛中热分解

羰基金属络合物在氧化气氛中热分解，主要是通过在热分解器内加入一定比例的空气。添加空气的量要依据产品性能而定。羰基金属络合物在氧化气氛中热分解的产品为金属氧化物粉末，如：铁氧体的制取。

7.5.1.4 加入硫化物的影响

在羰基镍热分解时，如果加入硫化物，会使得羰基镍粉末中硫含量增加。在分解的气氛中加入硫化物，粉末的巨大改变见表7-7。

表 7-7 在分解的气相中加入硫化物后粉末的巨大改变

加入硫化物含量（体积）/%	获得金属含硫量（质量）/%	原子 Ni 在一个质点中平均含量
	0.001	1.551
0.5	0.26	0.907
3.2	4.60	0.780
0.5	0.18	0.760
1.0	0.49	0.470
1.0	0.29	0.776
2.4	1.84	0.486

7.5.2 羰基金属络合物在真空中热分解

羰基金属络合物在真空中热分解，可以分为在真空的空间中自由热分解，在某种基体材料表面上热分解和在多孔泡沫材料空隙中热分解等。

（1）在真空的空间中自由热分解。羰基金属络合物在真空的空间中自由热分解，是获得高纯度金属粉末的较好的方法。不会因为在反应器中存在的气体介质，所引发的副反应生成物添加杂质，如：碳、氧化物、氮化物等。

（2）某种基体材料表面上热分解。羰基金属络合物在真空条件下，在颗粒、纤维、管道、平面上的基体表面进行热分解，形成包覆复合材料，能够获得高质量的包覆膜材料，不但与基体结合牢，而且膜的纯度高。

（3）在多孔泡沫材料空隙中热分解。由于多孔泡沫材料贮存大量的气体，特别是吸附在微细空隙中的气体，它们阻止羰基金属络合物气体进入微细孔内部。当多孔泡沫材料处在真空中，只要是连通空隙，则空隙中就不会残留气体。羰基金属络合物就可以顺利的到达海绵体内部的每一个角落，热分解后形成均匀的涂层。当除去基体骨架，就会获得活性高的金属海绵材料。

7.5.3 常压状态下羰基金属络合物在固体表面上的热分解

在常压条件下，羰基金属络合物被限定在一个物体的表面上进行热分解。分解的产物沉积在物体的表面，形成连续的沉积膜。沉积膜的厚度及致密性都是可以控制的。但是沉积膜与基体结合的紧密性，不如在真空条件下的沉积膜。羰基金属络合物热分解沉积的基体可以是：零维材料（粉末）、一维材料（纤维）、二维材料（薄膜）、三维材料（块状的固体）等。如：包覆粉末、空心材、纤维复合材料、薄膜材料及丸等。当沉积发生在自身核心的表面时，则颗粒不断地循环长大为镍丸。其沉积方式如下：

（1）羰基金属络合物在颗粒表面上的热分解沉积。羰基金属络合物在颗粒表面上的热分解沉积，形成包覆粉末产品。被包覆的核心有金属（铝、铁、铜粉末等）；非金属（碳、二氧化硅、硅藻土等）；有机物（聚乙烯、碳化物等）。但被包覆的粉体材料的熔点一定要高于羰基金属络合物的热分解温度，起码控制在高出 50~80℃为宜。

（2）羰基金属络合物在纤维表面上的热分解沉积。羰基金属络合物在纤维表面上的热分解是制取复合纤维材料的最好方法。它具有方法简单、快捷、涂层均匀、涂层厚度容易控制及牢固等优点。纤维材料可以是碳纤维、金属纤维、玻璃纤维和纺织纤维等。

（3）羰基金属络合物在块状材料表面上的热分解沉积。

1）羰基金属络合物在平面基体表面上的热分解沉积。羰基金属络合物在平面基体表面上的热分解，可以制取二维的薄膜材料。薄膜的厚度、致密程度都能够得到有效的控制。薄膜的成分可以为单一金属、二元、三元金属组成；可以制取单幅薄膜，也可以制取连续薄膜。

2）羰基金属络合物在几何形状各异的基体表面上的热分解沉积。羰基金属络合物在几何形状各异的表面上的热分解就获得形状各异的膜。无论基体的形状多么复杂怪异，只要羰基金属络合物能够进入接触被沉积的表面，就能够实现连续完整的沉积膜。

（4）羰基金属络合物在海绵体空隙表面上的热分解沉积。以前，在非金属海绵体空隙内表面沉积薄膜是非常困难的。自从利用羰基金属络合物热分解沉积方法，使得在非金属海绵体空隙表面沉积薄膜变得非常容易。因为气体是无孔不入的，所以该法是制取泡沫金属的最佳方案。现在，国内外利用羰基镍络合物气相沉积制取泡沫金属镍已经批量生产，促进了镍氢电池的大发展。

（5）羰基金属络合物在自身核心表面的沉积长大。羰基金属络合物在自身核心表面的沉积长大，可以制取不同粒度粉末。其粒度范围非常大，可以从纳米颗粒一直长大到大于 $10\mu m$ 的粗大颗粒；也能够从微米级颗粒长大到 $8~10mm$ 的丸（镍丸和铁镍合金丸）。INCO 公司羰基法精炼镍的 95%的产品为镍丸，镍丸尺寸为 8~10mm，镍丸的化学成分是 Ni+Co：99.9%、S：0.03%、C：<0.01%、Fe：0.01%。

（6）羰基金属络合物热分解制取空心材料。羰基金属络合物在水溶性、油溶性、低熔点、易挥发及低温分解的材料的颗粒表面上进行沉积，去掉核心留下的即为空心壳体材料。

7.5.4 羰基金属络合物在液体中的热分解

羰基金属络合物被限定在液体（水、油质、溶液、熔化的各种有机物）或者熔体里面进行热分解，分解后产生的纳米级金属颗粒悬浮在液体中，形成胶体体系（磁性液体）。热分解在熔体中进行时，待熔体凝固时就获得金属颗粒分布均匀的复合材料（复合纤维）。羰基金属络合物在液体中的热分解如下：

（1）羰基金属络合物在水中的热分解。将羰基金属络合物气体导入沸腾的水中，就可以获得纳米级的金属颗粒，在水液体中添加分散剂就获得胶体，如水基磁性液体。

（2）羰基金属络合物在油介质中的热分解。羰基金属络合物在油介质（烯烃油、硅油）中的热分解，就获得纳米级的金属颗粒，金属颗粒在油中悬浮形成胶体体系。该胶体体系在重力场、一

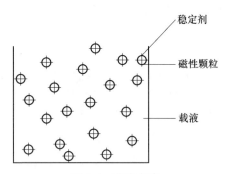

图 7-4　磁流变液

定范围的温度作用下，长期保存不分离。这就是具有液体特性的液体磁性材料，如磁流变材料（如图 7-4 所示）、磁流体材料（如图 7-5 所示）和磁性润滑油材料。在转动密封、阻尼和减震领域有着广泛的应用。

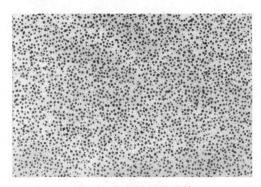

图 7-5　氮化铁磁性液体

（3）羰基金属络合物在有机熔融介质中的热分解。羰基金属络合物在有机熔融介质中的热分解，生成的金属颗粒均匀地分散在有机熔融的介质中，待有机物凝固后可以获得有机物复合材料。如：羰基铁络合物在橡胶、聚乙烯的熔体中热分解制取磁性密封条。

7.5.5　羰基金属络合物在外场能作用下的热分解

由于羰基金属络合物极不稳定，当羰基金属络合物受到强烈震动、摇动、强光照射和高频电磁场作用下，羰基金属络合物会逐渐地分解出金属和一氧化碳气体。实验室已经利用来赛光束分解羰基金属络合物，制取纳米级金属粉末。

7.5.6　羰基金属络合物的混合热分解

羰基金属络合物的混合热分解，是指两种或两种以上的羰基金属络合物的气体混合后，在一定的气氛中进行热分解。热分解获得的产物为二元或多元合金粉末、纤维材料、薄膜材料、多孔泡沫材料、不同组分的层状复合材料、梯度材料及夹层材料。

（1）羰基金属络合物的混合热分解。羰基金属络合物混合热分解，获得二元或者二元以上的合金粉末材料、纤维复合合金材料、合金薄膜材料、合金多孔泡沫材料等。

（2）羰基金属络合物的交替热分解。羰基金属络合物交替地在基体表面上热分解，就会形成组分交替的层状结构材料。每一组分的厚度都能够得到有效的控制。

（3）羰基金属络合物组分浓度连续变化的热分解。羰基金属络合物组分浓度连续变化的热分解，就会获得浓度梯度连续变化的梯度材料。材料的组分可以任意组合、材料的浓度可以任意变化。

7.5.7　羰基金属络合物热分解时添加物

羰基金属络合物热分解时，向热分解器中额外添加一些物质，有的是增加形核率，有的是控制粉末粒度及表面状态，有的是控制成分。

（1）促进形核率的添加物。当羰基金属络合物热分解时，向热分解器的反应区加入氢气、有机物等物质，促进形核率增加，能够获得颗粒细的粉末。

（2）影响核长大的添加物。当羰基金属络合物热分解时，向热分解器的反应区加入干冰（二氧化碳），冷却的惰性气体等，降低新生晶核的活化能量，抑制晶核的长大。

（3）控制粉末杂质添加物。当羰基金属络合物热分解时，向热分解器的反应区加入氨气，可以降低粉末中的碳含量。

7.6 利用羰基金属络合物热分解制备金属粉末的方法[1,3]

羰基镍络合物在热分解的过程中，改变不同的气相结晶及长大条件，就能够形成几何形状各异、物理性能和化学性能不同的羰基镍粉末。目前，采用热分解的条件如下：

（1）标准法。羰基镍络合物气相热分解的标准方法，是获得羰基金属粉末的最为专门的工艺流程。从反应器出来的混合气体经过过滤器除尘、冷凝液化、精馏提纯、计量装置、进入到汽化蒸发器、羰基金属络合物从蒸发器出来进入到垂直分解器的自由空间。羰基镍络合物在热分解器中分解形成羰基镍粉末。

（2）状态降低法。在加热区域比较短的热分解器中，同时又降低温度来进行热分解，可以获得改变化学成分的羰基镍粉末，主要是降低粉末中的碳含量。

（3）对流法。如果在分解器里增加气体对流，就增加了羰基铁粉末在分解器中停留的时间，那就获得了粗大的颗粒。

（4）循环法。在近代无线电技术中，提出要解决高分散的羰基金属粉末问题，粉末在气流中循环能够改善粉末的分散。

（5）添加爆炸物法。为提高羰基金属粉末的分散性，近来在分解羰基镍络合物时添加各种爆炸物。其目的是为了在羰基镍络合物热分解瞬间形成大量的结晶核心，这样不仅获得高分散的质点，而且也得到棉絮状粉末。

（6）喷射法。借助于喷嘴把液体的羰基镍络合物注射到分解器中，可以获得高分散的羰基镍粉末。

（7）分离法。在热分解器的尾气出口串联几个漏斗式分离器。由于粉末具有很高的分散度，不同粒度的粉末在输送中沉降速度不同。当粒度范围分布较宽的混合粉末，进入串联分离器后，能够把从 $1\sim10\mu m$ 分散很宽的粉末分离出粒度范围很窄分布的粉末组。

（8）等离子法。用等离子法分解羰基镍络合物时，能够获得纳米级和亚微米级的羰基镍金属粉末。这种粉末是在高度离子化的氩气中，在反应区中气体的平均温度可达 $1500\sim5000℃$。在这样高的温度下分解羰基镍络合物，可以使得单位时间内剧烈地增加形成的晶核，可以获得超细粉末。

参 考 文 献

[1] Бёлозерский Н А. Карбонилй Металлов. Научно тёхничесое издательство литературы по черной и цветои металлургии. Москва. 1958：177~178.

[2] Бёлозерский Н А. Карбонилй Металлов. Научно тёхничесое издательство литературы по черной и цветои металлургии. Москва. 1958：191~212.

［3］羰基镍粉末．美国专利．2，791，497，1957.

［4］四羰基镍的热分解［J］. Pur Chem. ，1951，72：848~850.

［5］俞燮廷．热解参数对羰基镍粉性能影响的研究［J］.钢铁研究总院学报，1988（2）.

［6］柳学全，徐教仁，刘思林，等．纳米级金属铁颗粒的制取［J］.粉末冶金技术，1996（1）.

8 羰基法精炼镍的产品

8.1 概述[1~4]

利用羰基镍络合物的热分解，可以获得具有不同形貌、粒度大小及成分各异的羰基镍粉末、薄膜材料、多孔海绵材料及复合材料等。具有特殊物理及化学性能的羰基镍精炼材料，被广泛地应用到冶金、化工、电子及航空航天领域，以满足高技术领域的特殊需要。虽然羰基法精炼镍的技术已经有一百多年的历史，但是其某些产品在高技术领域中依然是一枝独秀，一直占据着不可替代的位置。

从蒙德（Mond）于 1902 年在英国 Clydach 建立世界上第一座精炼镍工厂以来，到 1973 年加拿大国际镍公司在铜崖（INCO Copper-Cliff Refining）建立中压羰基法精炼镍的新工艺，不但使得羰基法精炼镍的技术实现了突破，而且国际镍公司扩产超过 10 万吨。2006 年，巴西淡水河谷公司（CVRD）收购了加拿大国际镍公司（INCO）。收购完成后，淡水河谷将晋升为世界上最大的镍生产商。

进入 2000 年后羰基冶金在中国获得高速发展。金川集团公司、吉林吉恩镍业股份有限公司都建立了从千吨到万吨级的羰基镍铁精炼厂。现在全世界羰基法生产镍的年产量可达到 15 万~20 万吨。世界各国的羰基法精炼镍的生产情况见表 8-1。

表 8-1 世界各国的羰基法精炼镍的生产情况

生产厂	羰基合成方法	产量/t·a⁻¹	投产时间
国际镍公司克里达奇精炼厂	常压	镍丸 28000 镍粉末 5000	1902 年
国际镍公司铜崖精炼厂	中压	镍丸 45000 镍粉末 11300 铁镍粉末 2268	1973 年
国际镍公司布瓦兹精炼厂	中压	镍丸 50000	1974 年
德国 BASF 公司	高压	镍粉末 6000	1964 年停产
俄罗斯诺列斯克精炼厂	高压	镍粉末 5000 铁镍粉末 375	1954 年
中国金川集团公司	中压	镍丸 10000 镍粉末 5000	2010 年
中国吉林镍业公司	常压	镍粉末 2000	2003 年

8.2 加拿大 INCO 国际镍公司产品[5,7,11]

加拿大 INCO 国际镍公司，拥有世界上最大的羰基法精炼镍的工厂。其主要的产品为镍丸和特种粉末。加拿大 INCO 国际镍公司的镍丸产量最高，是全世界镍的主要供应商。其中加拿大 INCO 国际镍公司的铜崖（Copper-Cliff）精炼厂产量为 56000t；加拿大 INCO 国际镍公司的新喀里多尼亚布瓦兹精炼厂年产量为 50000t；加拿大 INCO 国际镍公司克里达奇（Clydach）精炼厂年产量为 28000t。

20 世纪 80 年代，加拿大 INCO 国际镍公司敏锐地观察到电子产品的迅速发展，抓住时机研发电池所需要的特殊羰基镍粉末。由 Dr. Victor A. Ettel 领导的加拿大 INCO 特殊粉末产品研究实验室，专门从事研究与开发制造电池需要的羰基镍系列特殊粉末。

目前 INCO 羰基镍特殊粉末产品，主要应用于各种充电式电池产品（镉镍电池、镍氢电池）、粉末冶金、电子、化工及航天等高精密工业。其羰基镍特殊粉末系列产品如下。

8.2.1 INCO 产品

产品如下：

（1）羰基镍粉末。T110 镍粉、T123 镍粉、T210 镍粉、T255 镍粉、T287 镍粉。

（2）高纯度氧化镍粉末。

（3）泡沫镍。

（4）包覆材料（包覆碳纤维、石墨）。

8.2.2 INCO 国际镍公司电池用羰基镍粉末

（1）INCOT255、INCOT287 羰基镍粉。目前所有生产小型烧结式电池，都含有 INCOT255、INCOT287 羰基镍粉。还有新型特殊羰基镍粉末 INCOT300 系列产品、INCOT230X、INCOT110。这种羰基镍粉末是在英国 Wales Clydach 和加拿大安大略省的 Copper Cliff 生产。

（2）超细羰基镍 T210 粉末。T210 粉末作为正极活性物质添加剂时，提高活性物质的导电率，进而提高利用率及比能量。T210X 是另外一种纤维粉末，主要用于金属氢氧化物电极工业上。作为黏结式正极的添加剂，可以改善电极内导电框架的导电性，也可以部分取代 Co 粉末。如：$Ni(OH)_2$81.6%，T210 18.4%，Co 0.0%。制备电池的性能为：容量 151，比容量：552。

（3）加拿大 INCO 国际镍公司生产的羰基镍粉末物理及化学性能。

1）微米级羰基镍粉末形貌。加拿大 INCO 国际镍公司生产的羰基镍粉末的形貌如图 8-1 所示。

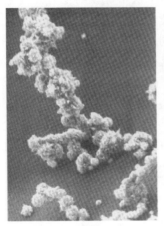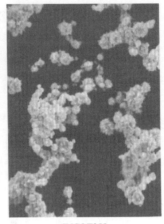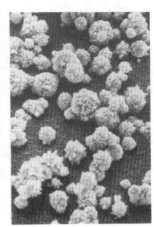

INCOT123　　　　　　　INCOT255　　　　　　　INCOT287

图 8-1　INCO 国际镍公司生产的羰基镍粉末的形貌

2）INCO 微米级羰基镍粉末物理性能及化学成分。INCO 国际镍公司生产的微米级羰基镍粉末物理性能及化学成分见表 8-2。

表 8-2　INCO 国际镍公司羰基镍粉末性能

型号	化学成分/%				松装密度	粒度	比表面积
	Fe	C	O_2	S	/g·cm^{-3}	/μm	/m^2·g^{-1}
123	<0.01	0.03~0.08	<0.15	<0.001	2~2.7	4~7	0.34
255	<0.01	0.05~0.15	0.05~0.15	<0.001	0.5~0.6	2.6~3.4	0.68
270	<0.01	0.05~0.15	0.05~0.15	<0.001	0.6~0.8	2.7~3.5	0.65
287	<0.01	0.05~0.15	0.05~0.15	<0.001	0.8~1.0	2.9~3.6	0.58
337	0.01~0.05	0.10	0.25	<0.001		4.0	
122	<0.01	0.05~0.10	0.10	<0.001	2.0~2.5	4~7	
128	<0.01	0.05~0.1	0.10	<0.001	2.5~3.0	7~9	
100	0.01	0.2	0.10	<0.001	1.6~2.0	3.5	
1200	0.01	0.05~0.1	0.10	<0.001	2.0~2.5	4~7	

3）INCO 微米级羰基镍粉末典型应用实例。加拿大 INCO 国际镍公司微米级羰基镍粉末典型应用实例，如图 8-2 和图 8-3 所示。

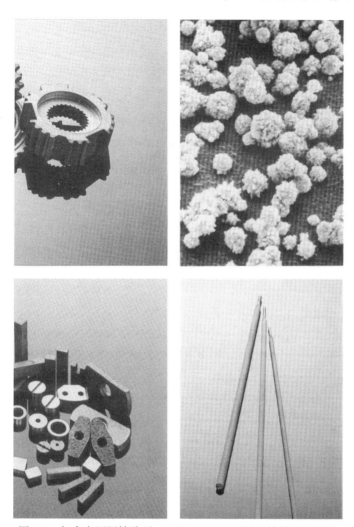

图 8-2　加拿大国际镍公司（INCO）T123 型羰基镍粉末及制品

8.2.3　泡沫镍

8.2.3.1　羰基镍气相沉积法制造泡沫镍

利用羰基镍的气相沉积生产泡沫镍，具有涂覆层与基体结合能力强，而且涂层均匀，可以使电化学容量提高 10%。INCO 在加拿大和英国 Clydach 建立生产泡沫镍工厂。

8.2.3.2　INCO 泡沫镍规格

INCO 羰基镍的气相沉积生产泡沫镍，是一种新型的海绵体多孔材料。用羰

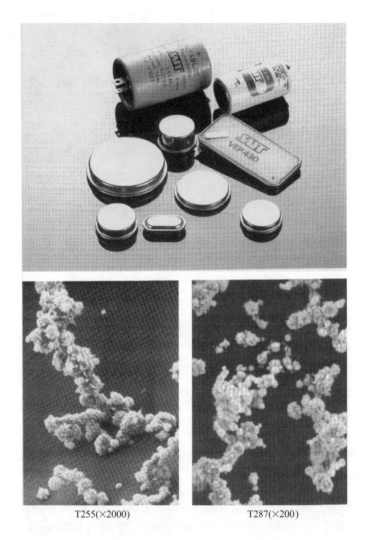

图 8-3　加拿大国际镍公司（INCO）T255 及 T287 羰基镍粉末及制品

基镍络合物的气相沉积方法，生产的泡沫镍的密度可达 $200g/m^2$，厚度为 3mm。INCO 在加拿大可以生产 240m 长的泡沫镍卷。

　　泡沫镍的规格见表 8-3 和表 8-4，泡沫镍卷图如图 8-4 所示。

表 8-3　加拿大 INCO 国际镍公司生产的泡沫镍规格（一）

性能	宽度/cm	厚度/mm	孔径/μm	强度/N
数值	10~29	1.6~2.2	650	60

表8-4 泡沫镍的规格（二）

尺寸	200mm×200mm（8"×8"）200mm×1000mm（8"×40"）
厚度	2.0mm+／-0.1mm
表面密度	500g/m²
孔隙度	95%
孔径	40ppcm（像素100）

图 8-4 泡沫镍卷

8.2.3.3 泡沫镍的应用

由于采用羰基镍气相沉积法制造的泡沫镍，具有独特的物理及化学性能。所以，被广泛地应用在电子、化工及环保领域。泡沫镍也是制造镉-镍电池和镍-氢电池的最佳电极材料之一。

（1）电池电极材料。泡沫镍主要用于电池电极材料，特别用于 NiMH 电池，这种可充电电池广泛应用于手提电脑、手机、电动踏板车、电动自行车、混合动力汽车。

（2）燃料电池。熔融碳酸盐燃料电池，通常的工作温度为 550~700℃，泡沫镍可以成为熔融碳酸盐燃料电池的电催化剂，泡沫镍还可以用于质子交换膜电池（PEMFC）的两极极板改性材料，燃料电池（SOFC）的电极中继馈线以及电解中电极材料。

（3）催化剂材料。独特的开孔结构、低压投入孔、固有的抗拉强度和抗热冲击等特点，使泡沫镍成为汽车催化剂转换器、催化燃烧、柴油车黑烟净化器的催化剂载体。泡沫镍催化剂可应用于费歇尔-托普希反应、气体改性、精细化学品的氢化反应泡沫催化剂载体。

（4）吸声材料。泡沫镍是一种性能优良的吸声材料，在高频具有较高的吸声系数，通过吸声结构的设计可以提高其在低频的吸声性能，是降低噪音的环保材料。

（5）其他应用。泡沫镍过滤器材料，处理流体中磁性粒子的磁流导体，储氢媒介、热交换媒介等。

8.2.4　加拿大 INCO 国际镍公司生产的镍丸

羰基法精炼镍的主要产品是镍丸，占羰基法精炼镍制品总量的90%以上。

8.2.4.1　镍丸的形貌及尺寸

镍丸为表面光滑的球体，镍丸的平均大小为8mm。气相沉积使得镍丸具有洋葱状结构。加拿大国际镍公司 Clydach 生产线如图 8-5 所示，生产的镍丸如图 8-6 所示。

图 8-5　Clydach 镍丸生产线

8.2.4.2　镍丸的化学成分

镍丸的尺寸及化学成分见表 8-5。

图 8-6　加拿大国际镍公司 Clydach 生产的镍丸

表 8-5　镍丸的尺寸及化学成分

名称	镍丸直径 /mm	化学成分/%					
		Fe	S	Co	Cu	C	Ni
镍丸	平均：8	0.01	0.001	0.0005	0.001	0.01	99.95

8.2.4.3　镍丸的应用

羰基法精炼镍的主要产品是镍丸。镍丸被广泛地应用在生产合金钢、不锈钢及电镀的领域中。

8.3　加拿大 CVMR（Chemical Vapor Metal Refining Inc.）公司的产品[13]

CVMR 公司（"CVMR®"）是一家私人控股公司，从事采矿、金属冶炼和气相冶金工艺开发，生产各种尺寸和形态的镍、钴、铁和其他粉末。CVMR® 的纳米金属粉末被北美，欧洲和远东的不同制造商使用。CVMR® 在全球范围内对镍，PGM 和钴资产进行了大量投资。其中锆、铌、钽、钛和 PGM 精炼技术是独特的。在过去 30 年 CVMR® 主要是利用其专有技术开发工艺及新产品。CVMR® 在 18 个国家雇用超过 13800 名工人，拥有超过 35000 名员工。该公司在金属提取，精炼和气相沉积领域世界领先。

加拿大 CVMR（Chemical Vapor Metal Refining Inc.）公司，研究及开发精炼金属及其制品如下。

8.3.1　加拿大 CVMR 的技术及金属制品服务于各行各业

（1）利用公司拥有的气相冶金专利技术精炼金属，公司拥有矿物资源。

（2）利用公司拥有的专利技术制取高性能金属粉末、纳米级金属粉末、网状金属及超级合金。

（3）利用 CVD 方法在镍基表面沉积石墨薄膜。

（4）金属泡沫材料及高纯金属。生产纯金属粉末和金属泡沫，用于电池、催化剂、电容器或需要超纯金属的合金。

（5）金属气相沉积涂层。在多种基材上应用纯金属涂层，包括非金属材料，如粉末、纤维、树脂、复合材料、聚合物、陶瓷和多孔基材内的金属涂层。CVMR®的金属蒸汽渗入各种基材的腔和孔中，以完全涂覆其内表面。这可以为基底提供强度、导电性、质量和保护层。

CVMR®工艺很好地适用于各种材料的金属涂层。任何基材可以通过这种气体工艺进行金属涂覆，条件是该材料在 175℃ 的温度下是稳定的。这使得CVMR®能够向金属和非金属粉末，如陶瓷、聚酰胺、硅、树脂、纤维、碳晶须和多孔材料施加涂层。

（6）镍薄膜为燃料电池材料，NASA 太空计划。制造薄镍零件作为 NASA 深空计划的燃料电池聚焦装置。

（7）CVMR 方法可以制取具有不同特性的金属层有机体。CVMR 方法可以简单地通过改变气体组成来分解具有不同特性的金属层中的金属有机体，以便产生具有作为一个连续件的一部分变化的金属混合物的层状金属或合金。例如，合金中使用的各种金属的硬度，延展性和百分比可以从金属合金的一端到另一端变化。通过热分解生长纯金属确保母模的每个特征完全原子复制。因此，CVMR®工艺通过精确地再现镜面光洁度对于光学部件是优异的。例如，在为美国财政部，雕刻和印刷局制造的镍印刷版中复制的钞票大师的完美复制品（美国财政部美元历史上第一次在美国境外制造美元盘）。

8.3.2　制取复合金属或合金

"CVMR®" 利用羰基金属气体热分解，通过改变羰基金属气体成分，以生产多层复合金属或合金，具有不同金属的组合。

8.3.3　生产各种金属粉末

CVMR®的工艺生产各种形式和形态的一系列金属粉末，见表 8-6 和表 8-7。

8.3.4　CVMR®工艺生产各种形式和形态的产品

CVMR®工艺生产各种形式和形态的产品，如图 8-7 和图 8-8 所示。

表 8-6　加拿大 CVMR 公司生产的羰基镍粉末的物理性能

型号	物理性能		包装	
	平均粒度 /μm	松装密度 /g·cm⁻³	容器体积/L	质量/kg
FNP-300	0.5~1.0	0.3~0.5	5	5
			90	25
SNP-80S	4~8	3~6	20	25
			90	100
FNP-900	1.8~3.4	0.5~0.8	20	20
			90	50

型号	物理性能					包装
	比表面积 /m²·g⁻¹	摇实密度 /g·cc⁻¹	平均粒度 /nm	D_{90} /μm	晶粒 /nm	防潮袋包装：5kg 热封合包装：10kg
NNP-100S	<10	1.0~1.5	80~100	<0.6	>50	

表 8-7　加拿大 CVMR 公司生产的羰基镍粉末的化学性能

型号	化学成分（质量分数）/%									
	C		S		O		Fe		其他	Ni
	典型值	最大值	典型值	最大值	典型值	最大值	典型值	最大值	典型值	典型值
FNP-300	0.6	1.0	0.0005	0.001	0.8	1.0	0.007	0.01	<0.001	余量
SNP-80S	0.07	0.10	0.0002	0.0005	0.08	0.10	0.005	0.01	<0.001	余量
FNP-900	0.18	0.25	0.0002	0.0005	0.08	0.15	0.005	0.01	<0.001	余量
NNP-100S	<900ppm[①]		<20ppm[①]		<2		<50ppm[①]		<500ppm[①]	余量

①1ppm = 10^{-6}。

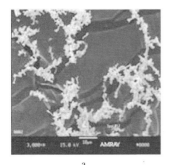
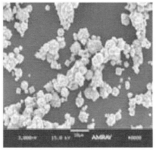
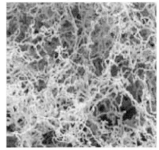

　　a　　　　　　　　　　b　　　　　　　　　　c

图 8-7　CVMR®工艺生产的产品形貌

a—CVMR®丝状镍粉末；b—CVMR®镍粉末；c—CVMR®泡沫镍

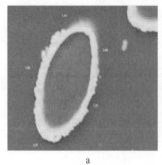 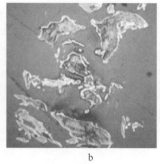 

a　　　　　　　　　b　　　　　　　　　c

图 8-8　CVMR®工艺生产的产品

a—镍包覆碳纤维；b—镍包覆石墨；c—镍包覆碳纤维

8.4　俄罗斯羰基镍制品及应用[6,7,11]

俄罗斯于 1953 年在诺列斯克建立羰基镍精炼厂，年产羰基镍制品 5000t。其产品主要是镍丸，小部分为羰基镍粉末。利用羰基镍粉末为原料与其他粉末混合，制取羰基合金及羰基钢是俄罗斯冶金行业的特色产品。

8.4.1　镍丸

镍丸的尺寸及化学成分见表 8-8。

表 8-8　镍丸的尺寸及化学成分

镍丸 /mm	化学成分/%							
	Fe	S	Co	Pb	As	Cu	C	Ni
6~12	0.01	0.001	0.0005	0.0001	0.0001	0.001	0.01	99.5

8.4.2　特殊羰基镍粉末

俄罗斯于 1985 年，在北方镍公司开始生产特殊羰基镍粉末，设计能力为 280t/a，主要供给电池厂。除此之外，特殊粉末还出口。根据市场调查，利用俄罗斯的特殊羰基镍粉末生产电池的质量与 INCO 公司 255 型的羰基镍粉末生产的电池性能相近。其物理性能分析结果见表 8-9。

表 8-9　物理性能分析结果

羰基镍粉末	松装密度/g·cm⁻³	比表面积/m²·g⁻¹	中位径 P50/μm
INCO255	0.59	0.45	14.3
俄罗斯 пнк-с	0.54	0.61	13.5

8.4.3 羰基钢的制造

羰基合金钢和合金具有低的线膨胀系数，因此可用作仪器的结构件。因为羰基钢与铂金具有同样的线膨胀系数，所以羰基钢完全可以代替铂金。在含有羰基镍粉末46%和0.15%C中，把羰基镍粉末含量增加到67.5%，羰基铬粉末含量增加到15%，Mn达1.5%，Fe达16%时，这种羰基钢具有高的导电性，被称作羰基低铬钢材料，可以制作电炉电机线圈以及其他的加热电器设备。将含有2%～5%羰基镍粉末和1%～2%羰基铬粉末加入到羰基铁粉中可用来制造机器结构件。

在俄罗斯中央黑色冶金科学研究所，已制定了制取羰基钢的方法。它就是共同还原型号为 K. чц 和 p-10 的羰基铁粉及氢氧化钨的混合粉末（在1150～1175℃，燃烧8h）。铁和其他氧化物的混合物在进行还原时，产生大量的热效应。因此，质点的连接最适合在高度分散的羰基金属粉末中进行。因为钨等压、等温电位负的绝对值要比其他金属氧化物的绝对值大，因此钙可消耗它们中所有的氧而形成氧化物炉料。此时所获得的不是各种金属粉末的混合物，而是每个质点中都具有一定成分的一种粉末。

$$\sum MeO + CaH_2 \longrightarrow \sum Me + CaO + H_2 + 192.28kJ$$

式中，$\sum MeO$ 为金属氧化物的混合物；$\sum Me$ 为金属合金。

X光分析数据和磁学测量已经证明：这种粉末是奥氏体的镍-铬不锈钢。为了避免晶间腐蚀，在配制羰基不锈钢原料时，羰基铁粉末要事先脱碳。把铁粉与氧化铬粉末混合在700～800℃通氢气进行脱碳退火，此时粉末不会烧结。

为制取 X18H15-K 钢的羰基铁粉末应具有好的流动性（松散性），在通过直径为5mm的漏斗时为5kg/s。这样的粉末在自动压制和轧制中才会好用。由X18H15-K粉末压制成的钢坯具有高孔隙度时，它与羰基铁粉、羰基镍粉和还原铬粉机械混合物相比较则具有很高的强度。例如：在平均压力为135MPa时，坯料具有的相对孔隙度为44%、61%、71%；在收缩为 $\sigma_B = 3.11$ 时，极限强度为 $23 \times 10^7 MPa$。

金属陶瓷羰基钢，在形变热处理条件下的强度极限与同样型号和同样处理方法的铸造钢相比较，则强度提高10%；与铸钢相比塑性也提高了。

金相研究指出：羰基不锈钢与同类的铸造不锈钢具有相同的结构特征。X28-K 钢在退火条件之下具有铁素体结构。OX18H9-K 和 X18H15-K 钢具有细晶粒奥氏体结构。平炉-铁素体 1X17H$_2$-K 钢在水淬后具有奥氏体和铁素体的双相结构。

羰基钢的耐腐蚀性不低于同种型号的铸造钢，例如 X18H15-K 钢的腐蚀速度为 $0.1～0.15g/(m^2 \cdot h)$。羰基钢具有良好的焊接和链接性。

钢在水淬后具有奥氏体和铁素体的双相结构。在任何情况下所获得的羰基不锈钢与铸造钢相比，它具有较细的晶粒和均匀的结构。在羰基钢中非金属夹杂与铸造钢相同。在目前研究的资料中，羰基钢是具有很高物理-力学性能的材料。

羰基不锈钢的力学性能列入表 8-10 中。

表 8-10　羰基不锈钢的力学性能

加工方法及制度	相对密度 /%	力学性质				
		压缩强度极限 σ_B /MPa·mm^{-2}	屈服极限 σ_T /MPa·mm^{-2}	相对的		冲击韧性 a_K/J·cm^{-2}
				伸长率/%	压缩率/%	
X18H15-K						
300MPa 水压，1400℃ 氢气燃烧 10h	80.1	36.5	—	19.3	10.7	—
500MPa 压力，1400℃ 氢气燃烧 10h	91.6	43.4	—	30.6	17.5	—
在 800~1200℃ 锻造，1100℃ 在 H$_2$ 中淬火 1h	—	58.3	27.7	60.6	74.5	36.7
熔化、锻造，正火	—	50.8	17.6	59.7	66.6	32.0
1X17M2-K						
压制，烧结、锻造，在 1100℃ 的 H$_2$ 中淬火 30min，回火到 680℃、1h	—	88.6	75.9	13.6	56.1	5.3
熔化，锻造，热处理同上	—	80.8	60.0	14.0	50.0	6.0

8.4.4　羰基镍合金制造

羰基镍粉末也可以用粉末冶金的方法，来制造精密合金及各种制品。由于羰基镍粉末具有大的比表面和大量的结晶缺陷，因此它与电解法，雾化和矿石中获得的粉末相比则具有很高的活性。

把羰基镍粉末在氢气中进行热处理可以除去碳，经过热处理的粉末含 Fe 0.0060%，Al、Mg、Si 总量是 0.0007%。像 Cu、Mn、Co、Pb、Sn、Bi、Sb、Cd、Zn、As，实际上在粉末中不存在。脱碳退火后的羰基镍粉末在压力为 500MPa 的情况下很好成型，成型后具有的密度为 5.2~5.8g/cm^3。在羰基镍粉末的压制性即密度和形变性研究报告中指出：致密指数是由粉末的曲线正切角斜率来决定的，与粉末的填充密度无关。相反，团块的密度的绝对值取决于填充密度，其值越大密度越高。

列宁格勒冶金工厂和乌克兰科学院共同制定了用羰基镍粉末制造压缩机密封垫的工艺。这个密封垫是用在温度为 500~580℃，压力为 9.12~24.32MPa 下工作的蒸汽机的机槽中。它是利用羰基镍粉末与石墨混合在 KO-35 自动压力机上压制，然后在 T-30 烧结炉中进行烧结。用羰基镍粉末代替了电解镍粉末所制造的镍-石墨垫，提高了力学性能。

8.4.5 羰基镍粉末制取致密镍带材

用羰基镍粉末制成致密的镍带，厚度为 3~30μm。它是通过先轧制后烧结，或先把粉末烧成坯料而后轧制来制取的。

在轧辊直径为 90mm、210mm、260mm 的轧机上，轧制的坯料在密封状态下进行烧结，在分解氨的气氛中，800℃进行再结晶退火约 1h。这样所获得的钢带在物理-力学性能上不亚于用铸造方法所获得的钢带。由于利用羰基镍粉末的弥散强化性质，所以它广泛地被用来制作薄带材的生产。

通过对获得带材的持久强度的研究后指出：羰基镍粉的弥散强化合金比纯镍材料要好；同时指出：羰基镍粉+3%Al_2O_3（体积分数）具有优良性质。

在俄罗斯科学院已经制定了关于羰基镍 30%、Mo 的多孔材料的研究，也研究了专门生产 Ni-Mo-W 和 W-Ni-Cu 的羰基合金的生产。

8.4.6 羰基镍粉末制造棒材和板材

利用羰基镍粉为原料，采用热压烧结方法获得制定了棒材和板材。同时也制取金属半成品。目前，羰基镍在有色和黑色冶金工厂中被广泛采用，尤其是粉末冶金厂。

8.4.7 羰基镍粉末制造电池材料

在生产蓄电池时，用羰基镍粉末来生产片状电极。在片状电极中间具有载流格子。在文献中报道了用羰基镍粉末生产的电极尺寸为 100mm×170mm×0.7mm，是在轧辊直径为 60mm，每分钟 1 转的情况下轧制的。在器内装 60%羰基镍粉末和 40%尿素。粉末混合物通过轧辊后轧成的带材厚度为 1.1mm。这个坯料然后进入加热炉，在 500℃时加热 40~50min，800~900℃时加热 1.5~2.5h，烧结时通 H_2 气，电极孔隙度为 75%。

8.4.8 功能金属薄膜及涂层的制取

（1）电子计算机记忆元件透磁合金薄膜。利用羰基法可以获得成分准确，性能稳定的坡莫合金薄膜（Ni：81%，Fe：19%）；同时该膜含有非常少量的杂质。

（2）金属磁薄膜。由羰基镍络合物和其他羰基金属共同沉积所形成的金属和合金磁层厚度为 0.5～5μm，这样的厚度可以均匀地被磁化，它具有非常优异的磁性能。此外，其最大意义是形成的磁层是金属和合金。

（3）纺织物金属涂层。各种织物的金属涂层，像纸张的金属涂层明显地提高了它的物理及化学性能。金属涂层可以提高纤维和织物的磨损及弯曲稳定性，可以增加抗张强度，同时也给出了建立耐火反射、导电、吸收电磁波等新材料。由金属涂层纤维所制成的金属织物可用来做运送带，填料，传送带，防坠器和耐热毛毡等。

（4）易熔塑料的金属涂层。近来利用镍的保护和装饰性，把镍涂在易熔的塑料上的技术有了很大发展。这种方法可以代替镍、铬的电镀方法。特别是在汽车工业、仪表工业、航空工业中取代大量的金属件，它的解决可以大量节约金属材料。

（5）抗腐蚀涂层。利用羰基镍络合物和羰基铬分解在钢、铜、青铜表面上的涂层获得了很好的抗腐蚀层，抗腐蚀涂层在保护金属的同时，还降低了材料的厚度。

利用羰基法获得镍的抗腐蚀涂层已在美国、俄罗斯得到应用。利用羰基镍分解在钢、铜、青铜表面上的涂层获得了很好的抗腐蚀层。反应是在高 300mm或 400mm，直径为 64mm 或 178mm 的玻璃钟罩中进行的。钟罩大小要依据图件的外形尺寸，涂层条件是：基体温度为 200℃，压力为 1～2MPa，羰基镍供给速度为1～1.5g/h。试验指出：在镍层中没有孔隙，这就保证了材料与潮湿气体隔离。

在俄罗斯进行羰基镍的涂层是为了防氟气腐蚀，特别是氟接触的容器、阀门、管道。因此，我们是研究利用表面涂层各种钢，制成防止氟侵蚀的容器。

对各种钢已做过试验并指出最佳的工艺条件是：基体温度为 100～180℃，压力为 1.3kPa，羰基物温度为 21℃，获得镍涂层为 20μm。此涂层大大优于电镀、化学法所获得的涂层，这个工作在过去已详细论述过了。用镍保护涂层钢制的阀门和管道有利的开扩了氟受蚀介质的应用。

用羰基镍溶层的钢板 30mm×60mm，浸在食盐溶液中 8h，然后放在空气中16h，来观察羰基镍涂层的抗腐蚀性能。对具有各种厚度的镍防腐层经受了考验，评价方法是在 H_2 下 550～700℃热处理，通过受侵蚀的涂层表面占整个涂层表面的百分比来确定的。在镍防腐蚀层厚度为 10μm 时多数具有无穿透孔，这就保证了钢件对盐的抗腐蚀性。

各种钢件的镍、铬涂层是为了防止大气腐蚀。它可以大量节约金属的同时也降低了钢件的厚度。例如，在飞机、汽车业中的研究指出：像汽车保险杆，灯罩箍以及其他零件，都获得广泛的应用。

（6）利用羰基络合物气相沉积获得涂层和膜。利用羰基络合物气相沉积获得涂层和膜的数据列入表 8-11 和表 8-12 中。

表 8-11　气相法获得金属涂层和膜（一）

族	涂层金属	挥发性原料	加热温度/℃		注解
			原料	基体	
V	V	$V(CO)_6$	$20 \sim 25$	$70 \sim 100$	真空中
	Cr	$Cr(CO)_6$	$30 \sim 50$	$350 \sim 700$	H_2 或真空中
	Mo	$Mo(CO)_6$	$30 \sim 60$	$450 \sim 700$	H_2 或真空中
	W	$W(CO)_6$	$40 \sim 70$	$450 \sim 700$	真空或 H_2 中
VII	Mn	$Mn(CO)_{10}$	$70 \sim 100$	$110 \sim 300$	真空中
	Tc	$Tc_2(CO)_{10}$	$20 \sim 30$	$60 \sim 70$	真空中
	Re	$Re_2(CO)_{10}$	$70 \sim 100$	$400 \sim 600$	对光敏感
	Fe	$Fe(CO)_5$	$20 \sim 30$	$100 \sim 300$	H_2 中
	Co	$Co(CO)_8$	$20 \sim 25$	$180 \sim 220$	真空或 H_2 中
	Co	$Co(CO)_3NO$	$20 \sim 25$	$180 \sim 220$	真空或 H_2 中
	Ni	$Ni(CO)_4$	$20 \sim 30$	$100 \sim 300$	真空或 H_2 中
	Ru	$Ru(CO)_5$	$20 \sim 25$	$200 \sim 300$	对光敏感
	Pt	$Pt(CO)_2Cl_2$	$100 \sim 120$	$500 \sim 600$	真空或 H_2 中
	Pt	$[Pt(CO)_2]_4$	$20 \sim 25$	$210 \sim 220$	对空气敏感

表 8-12　气相法获得金属涂层和膜（二）

族	涂层金属	挥发性原料	加热温度/℃		注解
			原料	基体	
I	Cu	CuI	$400 \sim 500$	$800 \sim 1000$	H^2 中
	Cu	CuCOCl	$20 \sim 25$	$250 \sim 400$	对氧敏感
	Ag	AgI	$20 \sim 25$	$150 \sim 200$	对光敏感
	Au	AuCOCl	$20 \sim 25$	$120 \sim 150$	对光和水汽敏感
II	Be	BeI_2	$400 \sim 500$	$800 \sim 1000$	H_2 中

续表 8-12

族	涂层金属	挥发性原料	加热温度/℃ 原料	加热温度/℃ 基体	注解
Ⅲ	Al	i-Al(C₄H₉)₃	150~170	250~270	对空气非常敏感
Ⅳ	Ti	TiI₄	200~400	1300~1400	H₂中
	Zr	ZrI₄	200~650	1400~1500	H₂中
	Hf	HfI₄	400~500	1500~1700	H₂中
Ⅴ	V	VI₄	600~900	1100~1300	H₂中
	Nb	NbCl₅	100~400	900~1300	H₂中
	Ta	TaCl₅	100~500	1800~1500	H₂中
Ⅵ	Cr	CrI₂	700~800	900~1100	H₂中
	Cr	Cr(CO)₆	30~50	350~700	H₂或真空中
	Mo	Mo(CO)₆	30~60	450~700	H₂或真空中
	Mo	MoCl₆₁	300~500	800~1400	H₂中
	W	WF₆	300~400	550~750	氟非常侵蚀
	W	WCl₆	300~400	770~1400	对空气敏感
	W	W(CO)₆	40~70	450~700	真空或H₂中
Ⅶ	Re	ReCl₅	300~400	300~1200	真空或H₂中
	Fe	FeCl₅	300~500	900~1000	H₂中
	Fe	FeCl₃	500~600	1000~1200	H₂中

正像文献指出的那样，羰基镍薄膜与基体的结合强度是非常大的。用 PM-100 型剥离机，进行水平剥离，在 SiO_2、TiO_2 的镍膜测量结果列入表 8-13 中。

表 8-13 羰基镍涂层与基体表面在各种温度下的结合强度 (0.098MPa)

状态	基体温度/℃ 250	300	350	400	500	550	600	700
	基体 SiO_2							
没有热处理	18.0	12.6	9.9	15.9	15.4	14.6	6.2	11.8
	—	—	15.3	—	14.2	—	—	—
进行过热处理	13.0	11.3	14.6	8.8	15.2	15.1	11.3	—
	—	12.2	—	6.0	—	—	—	—

状态	基体温度/℃							
	250	300	350	400	500	550	600	700
	基体 TiO$_2$							
没有 热处理	17.4	11.3	12.9	7.7	6.7	—	12.2	16.8
	17.0	13.1	6.7	—	—	—	—	—
热处理	12.1	10.6	15.6	12.7	11.7	—	15.3	15.4

从上表中可以看出：镍层强度与基体温度的依赖关系是直线关系，特别是在 250~700℃之间。它与加热无关，结合力相对稳定，结合强度值波动在 0.98~1.47MPa 之间。用真空方法在 SiO$_2$、TiO$_2$ 电介质镀 Ni 时，镍对基体之间的结合强度一般为 0.78~1.18MPa。

8.4.9 其他产品

利用羰基金属络合物在液体中的热分解可以制取磁性液体、磁流变体及隐身涂料，这些材料性能优于其他方法制备的材料性能，已经广泛应用于高技术领域中。

8.5 中国羰基法精炼镍制品及应用[8,10~12]

我国于 1958 年在冶金工业部钢铁研究总院粉末冶金研究室，利用羰基法精炼镍技术开发制取羰基镍粉末。通过热分解羰基镍络合物制取超细（纳米级）羰基镍粉末，羰基镍粉末的平均粒度为 50~80nm。后来随着国内高技术的需要，研究开发微米级电池用羰基镍粉末、包覆粉末及膜材料。

目前，中国生产的羰基镍粉末，完全符合国家标准。不但满足国内需求，还可以向国外供应标准化的羰基镍粉末。现在将国内羰基法精炼镍的研究单位及生产厂的产品介绍如下。

8.5.1 钢铁研究总院羰基法精炼镍的产品研究及开发应用

1958 年由钢铁研究总院粉末冶金研究室，进行开发研究羰基镍粉末制取。于 1963 年在实验室开始小批量生产超细羰基镍粉末，平均粒度为 500~800Å（50~80nm，纳米级），最小粒度可以达到 250Å（25nm），可以说是世界上最早能够批量地制取纳米级羰基镍粉末的研究单位，开创我国羰基镍粉末生产的历史。1970 年，开始燃料电池用微米级羰基镍粉末的研究。使用国产微米级羰基镍粉末制造的燃料电池，成功地应用在人造卫星上。在此基础上又研发包覆粉末及合金粉末，承担制定国家羰基镍粉末标准。钢铁研究总院是我国羰基法精炼镍技术及产品研发中心。

8.5.1.1 纳米级羰基镍粉末

（1）纳米级羰基镍粉末的形貌。纳米级羰基镍粉末的形貌呈现链条状。

（2）纳米级羰基镍粉末的物理性能及化学成分。纳米级羰基镍粉末的物理性能及化学性能，见中华人民共和国国家标准 GBn214—84，如表 8-14 及表 8-15 所示。

表 8-14 纳米级羰基镍粉末的物理性能

牌号	平均粒度/Å	比表面积/$m^2 \cdot g^{-1}$	松装密度/$g \cdot cm^{-3}$
FNHT- I	1000±50	6.5~8.5	0.2~0.4
FNHT- II	630±40	16~20	0.15~0.2
FNHT- III	470±80	27~35	0.16~0.28

注：10Å = 1nm。

表 8-15 纳米级羰基镍粉末的化学性能

牌号	化学成分/%						Ni
	杂质（不大于）						
	C	O	Fe	S	P	其他杂质总和	
FNHT- I	0.2	2.5	0.01	0.003	0.005	0.01	余量
FNHT- II	0.2	4.0	0.03	0.003	0.005	0.01	余量
FNHT- III	0.2	6.0	0.03	0.003	0.005	0.01	余量

（3）纳米级羰基镍粉末的粒度及其分布。纳米级羰基镍粉末的比表面积利用 BET 法测试；粒度及其分布利用 X 光小角度散射法测试。从表 8-16 和表 8-17 可以看出：纳米粉末的粒度并不均匀，这是因为炉内羰基镍气体浓度分布不均匀；再加上炉内的径向及轴向的温度分布不均匀的原因所致。但是利用预热炉，将稀释气体经过预热后（300~400℃）进入热分解器，能够改善粉末的均匀性。

表 8-16 X 光小角度测试超细粉末粒度分布（一）

数据	试样编号：KN64-5，比表面积为 7.3m^2/g				
颗粒度/Å	310	630	890	1220	1580
颗粒组成/%	21	21	20	14	24

表 8-17 X 光小角度测试超细粉末粒度分布（二）

数据	试样编号：KN-439，比表面积为 12.7m^2/g					
颗粒度/Å	234	370	496	650	832	958
颗粒组成/%	20.9	20.2	19.7	20.0	14.8	4.4

为了说明 X 光小角度散射法测试的正确性，特将 X 光小角度散射法测试的结果与 BET 法测试的结果进行比较。表 8-18 列入的两种方法测试的数据是能够对应的。

表 8-18 列入的两种方法测试的数据

试样号	S（BET）/m² · g⁻¹	利用 S（BET）计算的粒度①/Å	X 光小角度散射法测得的粒度
KN64-5	7.3	925	920
KN64-10	8.2	822	780
KN-438	10.0	672	577
CN-468	11.3	597	550
KN-439	12.7	530	515

①粉末平均粒度计算为 6/8.9×比表面积。

（4）纳米级羰基镍粉末的应用。纳米级羰基镍粉末主要应用于催化剂、超精细过滤器及活性烧结添加剂等。

8.5.1.2 电池用微米级羰基镍粉末

（1）主要技术指标。

1）电池用微米级羰基镍粉末物理性能及化学成分。电池用微米级羰基镍粉末物理性能及化学成分，见表 8-19。

表 8-19 电池用微米级羰基镍粉末物理性能及化学成分

名称	物理性能		化学成分/%				
	粒度/μm	松装密度/g · cm⁻³	Fe	C	O	S	杂质
电池粉末	2.2~2.8	0.50~0.65	≤0.03	≤0.30	≤0.20	≤0.001	≤0.04

2）电池用微米级羰基镍粉末的形貌。扫描电子显微镜观察羰基镍粉末呈近似球状粉末，银灰色颗粒之间没有连接，形成一个一个的孤立体，如图 8-9 所示。

3）电池用微米级羰基镍粉末颗粒内部的结构。微米级羰基镍粉末颗粒内部呈现"洋葱"状结构，这是典型的羰基法沉积长大过程的记录。更进一步地描述了羰基镍粉末的长大是类似树木生长过程的"年轮"。

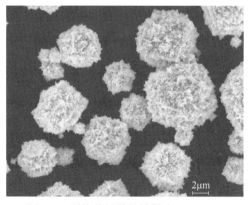

图 8-9 颗粒状的羰基镍粉末（4000×）

（2）应用。主要用于制造电池工业，如：燃料电池、镍镉电池、镍氢电池、粉末冶金及化工、电子行业。

8.5.1.3 微米级羰基镍粉末国家标准制定

由钢铁研究总院负责制定的微米级羰基镍粉末的国家标准：中华人民共和国国家标准 GBn7160—87。国家标准中关于微米级羰基镍粉末的物理及化学性能见表 8-20 和表 8-21。

表 8-20 微米级羰基镍粉末的物理性能

牌号	平均粒度/μm	松装密度/g·cm^{-3}
FTN-1	2.0~3.2	0.50~0.74
FTN-2	2.2~3.6	0.75~1.00
FTN-3	2.6~3.6	0.75~0.95
FTN-4	2.2~2.8	0.50~0.65
FTN-5	2.9~3.6	0.75~1.00
FTN-6	4~7	1.80~2.50

表 8-21 微米级羰基镍粉末的化学成分

牌号	化学成分/%					
	Fe	C	O	S	其他杂质总量	Ni
FTN-1	≤0.03	≤0.15	≤0.25	≤0.005	≤0.05	余量
FTN-2	≤0.03	≤0.15	≤0.25	≤0.005	≤0.05	余量
FTN-3	≤0.01	≤0.20	≤0.15	≤0.001	≤0.01	余量
FTN-4	≤0.01	≤0.15	≤0.15	≤0.001	≤0.01	余量
FTN-5	≤0.01	≤0.15	≤0.15	≤0.001	≤0.01	余量
FTN-6	≤0.01	≤0.10	≤0.15	≤0.001	≤0.01	余量

8.5.1.4 包覆粉末及复合材料

钢铁研究总院羰基实验室研发以金属和非金属为核心的羰基镍包覆材料，如镍包铝、镍包覆碳纤维、镍包覆石墨等，在复合材料中获得广泛的应用。

8.5.2 冶金工业部 654 厂羰基镍粉末产品及应用

冶金工业部 654 厂是我国第一座批量生产羰基镍粉末的专业化工厂。20 世纪 70 年代划归为核工业部，更名为 857 厂，产品齐全质量优良。主要产品有纳米级羰基镍粉末、微米级羰基镍粉末、合金粉末及包覆粉末。

8.5.2.1 核宝纳米材料有限公司生产的微米级羰基镍粉末

核工业部核宝纳米材料有限公司（核工业部857厂）微米级羰基镍粉末物理及化学性能，见表8-22和表8-23。

表8-22 核宝纳米材料有限公司微米级羰基镍粉末物理及化学性能（一）

牌号	粒度/μm	松装密度/g·cm⁻³	化学成分（不大于）/%						用途
			Ni	Fe	C	O	S	其他	
FTN-1	2.0~3.2	0.5~0.74		0.03	0.15	0.25	0.005	0.05	粉末冶金；磁材料；触头材料；催化剂
FTN-2	2.2~3.6	0.75~1.00		0.03	0.15	0.25	0.005	0.05	
FTN-3	2.6~3.6	0.75~0.95	余量	0.01	0.20	0.15	0.001	0.01	
FTN-4	2.2~2.8	0.50~0.65		0.01	0.15	0.15	0.001	0.01	硬质合金
FTN-5	2.9~3.6	0.75~1.00		0.01	0.15	0.15	0.001	0.01	
FTN-6	4~7	1.8~2.5		0.01	0.10	0.15	0.001	0.01	吸气剂

表8-23 核宝纳米材料有限公司微米级羰基镍粉末物理及化学性能（二）

牌号	粒度/μm	松装密度/g·cm⁻³	化学成分（不大于）/%						用途
			Ni	Fe	C	O	S	其他	
FTN-7	2.2~3.6	1.1~1.4		0.03	0.15	0.25	0.005	0.05	磁性材料
FTN-102	2.2~2.8	0.50~0.65	余量	0.01	0.30	0.20	0.001	0.04	硬质材料；粉末冶金
FTN-1024	2.8~3.6	0.8~1.1		0.03	0.30	0.20	0.001	0.04	

8.5.2.2 电池用微米级羰基镍粉末

由钢铁研究总院粉末冶金研究室羰基实验室，研制的通讯卫星燃料电池微米级羰基镍粉末，经过国防科委的技术鉴定达到技术要求，并允许按照钢铁研究总院的技术条件，在冶金工业部654厂进行批量生产。

我国生产的电池用羰基镍的技术指标与INCO255的技术指标进行比较，见表8-24和表8-25。

表8-24 国内电池用羰基镍的技术指标

化学成分/%					物理性能	
Fe	C	S	O₂	其他杂质	粒度/μm	松装密度/g·cm⁻³
≤0.03	≤0.3	≤0.001	≤0.2	≤0.04	2.2~2.8	0.5~0.65

我国生产的电池用羰基镍的杂质含量与INCO255的杂质含量进行比较，见表8-26和表8-27。

表 8-25   INCO255 的技术指标

化学成分/%				物理性能		
Fe	C	S	O_2	$S_{BET}/m^2 \cdot g^{-1}$	粒度/μm	松装密度/$g \cdot cm^{-3}$
<0.01	<0.20	<0.001	<0.15	0.68	2.2~3.0	0.5~0.65

表 8-26   国产电池用羰基镍的杂质含量与 INCO255 的杂质含量比较（一）

试样	杂质元素成分						
	Pb	Sn	Zn	Bi	Si	Mn	Mg
INCO255	0.0001	0.0012	<0.0003	<0.00011	0.0022	<0.0006	<0.0006
应用 1	<0.0001	<0.00012	0.00036	<0.00011	0.0012	<0.0006	<0.00068
应用 2	<0.0001	0.00012	<0.0003	<0.00011	0.0012	<0.0006	<0.00068
应用 3	<0.0001	0.00012	<0.0003	<0.00011	0.0015	<0.0006	<0.00068
抽检 1	<0.0002	<0.0001	<0.0005	<0.00005	0.001	<0.0004	<0.001
抽检 2	0.0002	<0.0001	<0.0005	<0.00005	0.001	<0.0004	<0.001
抽检 3	0.0002	<0.0001	<0.0005	<0.00005	0.001	<0.0004	<0.001

表 8-27   国产电池用羰基镍的杂质含量与 INCO255 的杂质含量比较（二）

试样	杂质元素成分						
	Al	Cu	Co	As	Sb	Cd	总量
INCO255	0.0013	<0.00068	<0.00055	<0.00075	<0.0001	<0.00018	<0.00875
应用 1	0.0011	0.0017	<0.00055	<0.00075	<0.0001	<0.00018	<0.00755
应用 2	0.0011	0.00027	<0.00055	<0.00075	<0.0001	<0.00018	<0.00606
应用 3	0.0013	0.00036	<0.00075	<0.00075	<0.0001	<0.00018	<0.00665
抽 1 钢分	<0.0006	0.0004	≤0.002	<0.0007	<0.0003	<0.0001	
抽 2 钢分	<0.0006	0.0005	≤0.002	<0.0007	<0.0003	<0.0001	
抽 3 钢分	<0.0006	<0.0002	≤0.002	<0.0007	<0.0003	<0.0001	

8.5.2.3   857 厂生产电池用羰基镍粉末的厂内标准

核工业部 857 厂标准化委员会 1990-06-28 批准 1990-07-01 实施 FTN 的符合含意为，F：粉末；T：羰基物；N：镍。电池用羰基镍粉末 857 厂的内部标准，见表 8-28。

表 8-28 电池用羰基镍粉末 857 厂的内部标准

产品牌号	化学成分/%						物理性能	
	Fe	C	O	S	杂质含量	镍	平均粒度/μm	松装密度/g·cm⁻³
	不大于							
FTN-102	0.03	0.30	0.20	0.001	0.04	余量	2.2~2.8	0.50~0.65

8.5.2.4 电池用羰基镍粉末的国家标准

微米级羰基镍粉末中华人民共和国国家标准 GB 性能如下：

（1）牌号表示：FTN-X。

（2）含意：FTN 为羰基镍粉末；-为分隔短线；X 为产品型号。

（3）技术要求：微米级羰基镍粉末的物理性能符合表 8-29 规定，微米级羰基镍粉末的化学成分符合表 8-30 规定。

表 8-29 微米级羰基镍粉末的物理性能

牌号	平均粒度/μm	比表面积/m²·g⁻¹	松装密度/g·cm⁻³
FTN-1	2.0~3.2	0.5~1.0	0.50~0.74
FTN-2	2.2~3.6	0.4~0.8	0.75~1.00
FTN-3	3.5~7.0	0.35~0.65	1.60~2.50
FTN-4	6.0~9.0	0.3~0.6	2.00~3.00

表 8-30 微米级羰基镍粉末的化学成分

牌号	化学成分/%					
	Fe	C	O	S	Ni	其他杂质总量
FTN-1	≤0.02	≤0.15	≤0.25	≤0.005	余量	≤0.05
FTN-2	≤0.02	≤0.15	≤0.25	≤0.005	余量	≤0.05
FTN-3	≤0.03	≤0.10	≤0.15	≤0.003	余量	≤0.01
FTN-4	≤0.03	≤0.10	≤0.15	≤0.003	余量	≤0.01

8.5.2.5 包覆粉末

包覆粉末是利用羰基镍络合物气相沉积包覆粉末，具有包覆层厚度均匀、包覆层与基体结合牢固及准确控制包覆量等优点。其具体性能及应用见表 8-31。

表 8-31 镍或铁包覆粉末

名称	包覆量/%	粒度范围（标准筛）	应用
镍包硅藻土	75~80	−100~+240	动密封涂层
		−140~+320	500℃

名称	包覆量/%	粒度范围（标准筛）	应用
镍包石墨	>70	−240	屏蔽材料
	75~80	−140~+200 −140~+320	高温固体润滑材料
镍包氧化铝	75~80	−140~+320	高温隔热抗氧化涂层
镍包氧化锆	30~50	−140~+200	耐磨、耐蚀、高温隔热抗氧化涂层
	50~70	−200	
镍包碳化钨	15~25	−140~+320	耐磨、耐蚀、高硬度涂层
	25~35	−320	
镍包二硫化钼	75~80	−200	减磨材料、动密封材料
镍包氧化钙	75~80	−140~+320	减磨材料、动密封材料
镍包金刚石	40~50		高硬度，高耐磨涂层材料
	50~60		
镍包铷铁硼	按要求		抗氧化、抗腐蚀
镍包铜	50~60	−140~+320	减磨材料
铁包玻璃珠	30~40	−140	微波吸收材料
铁包云母	30~40	−100	微波吸收材料

8.5.3 金川集团股份有限公司羰基镍粉末的开发生产

1972 年，由冶金工业部下达羰基法精炼镍工艺研究课题。钢铁研究总院与金川镍业公司成立联合攻关组。利用金川镍业公司铜镍合金为原料，在钢铁研究总院羰基镍实验室实验。采用高压羰基法合成工艺，羰基镍合成率达到 98% 获得成功。后来金川集团公司利用铜镍合金为原料，在俄罗斯北方镍公司（斯诺列斯克）实验羰基法精炼镍也获得成功。直到 2000 年开始筹划 500t 羰基镍精炼厂，于 2003 年建成国内最大的羰基法精炼镍厂，产品为微米级羰基镍粉末。为满足国内市场的需求，又在 2010 年投产万吨级羰基镍精炼厂。该厂技术的先进性可以与加拿大铜崖精炼厂媲美，产品为镍丸、镍粉末及合金粉末。

8.5.3.1 金川集团公司的微米级羰基镍粉末的物理及化学性能

金川集团公司的微米级羰基镍粉末的物理及化学性能见表 8-32。

表 8-32 微米级羰基镍粉末的物理及化学性能

化学成分（不大于)/%				松装密度 /g·cm⁻³	平均粒度 /μm	微观形貌
Fe	C	S	O			
0.025	0.200	0.003	0.200	0.5~2.0 可控	0.5~4.0 可控	刺球、树枝状

8.5.3.2 羰基镍铁合金粉末

金川集团公司成功研发出羰基镍铁合金新产品，已经稳定生产了 5 种型号的羰基镍铁合金粉末，突破羰基法工业化制备合金粉末的技术，掌握了粒度更细、纯度更高的镍铁合金粉末制取工艺。羰基镍铁合金粉末粒度在 10μm 以下，产品除微量的碳、氮、氧等非金属物质外，金属杂质含量不会超过 0.3%。粉末微粒结构呈镍铁层互相包覆的"洋葱层"结构，均匀度和接触度更好。

羰基镍铁合金粉末，有着其他同类产品不具备的特殊的状态结构和优良的理化特性。降低了应用生产条件，节能、节材、节资效用明显，是高技术产业和国防科技工业的重要基础原材料。作为触酶催化剂广泛应用于航空航天、化工冶金、特种材料、能源和通讯等行业。

自由调配镍铁混合比是产品的另一个特点，镍或铁含量调幅为 10%~90%，配比灵活度和混合性能优秀，下游行业可根据需要实现个性化定制。

微米级羰基镍铁合金粉末的物理化学性能见表 8-33。微米级羰基镍铁合金粉末的粒度范围为 0.5~7μm。

表 8-33 微米级羰基镍铁合金粉末的物理化学性能

牌号	化学成分/%				粒度/μm
	Fe	C	O	Ni	
FTF-1	25~35	≤1.5	≤3	余量	0.5~2.0
FTF-2	60~70	≤1.5	≤3	余量	0.5~2.0
FTF-3	20~30	≤0.1	≤0.5	余量	3~6
FTF-4	35~40	≤0.1	≤0.3	余量	4~7
FTF-5	60~70	≤0.1	≤0.3	余量	4~7

8.5.4 吉林吉恩镍业公司生产的微米级羰基镍粉末

2003 年，吉林吉恩镍业公司引进加拿大 CVMR 公司常压羰基法精炼镍工艺，设计年产微米级羰基镍粉末 2000t，主要产品为微米级羰基镍粉末。

中国吉林吉恩镍业股份有限公司生产的微米级羰基镍粉末的形貌如图 8-10~图 8-12 所示。

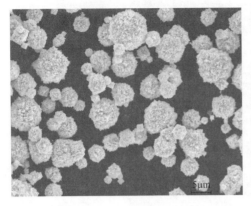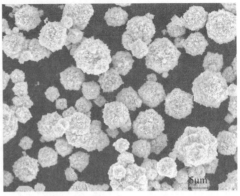

图 8-10 吉林吉恩镍业公司微米级羰基镍粉末粒度（2000×）

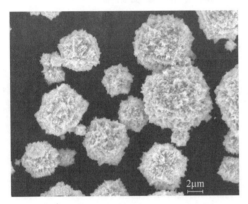

图 8-11 吉林吉恩镍业公司微米级羰基 图 8-12 吉林吉恩铁业公司微米级羰基
镍粉末形貌（一）（4000×） 镍粉末形貌（二）（1000×）

8.6 产品的检测

8.6.1 产品检测项目

（1）物理性能。

1）羰基镍粉末的比表面积（m^2/g）；

2）平均粒度（nm、μm）；

3）松装密度（g/cm^3）；

4）粉末流动性（g/s）；

5）孔隙度（%）；

6）形貌。

（2）化学成分。分析羰基镍粉末的化学成分：碳、氧、硫、钴、铁及其他微量元素。

（3）物相分析。羰基镍粉末中的物相分析：碳化物、硫化物、氮化物及其他金属或者非金属化合物。

8.6.2 分析方法及仪器

（1）BET 比表面积测量仪。

（2）费氏法（Fisher Sub-Sizer，FSSS）。

（3）沉降法分析粒度。

（4）显微颗粒分析仪（Microtrac Particle Size Analyser）。

（5）光学显微镜。

（6）透射电子显微镜。

（7）扫描电子显微镜。

（8）电子探针。

（9）俄歇谱仪。

（10）X 光谱仪。

（11）筛分（Sieving）。目前的筛网都是采用国际通用的孔径度表示，下面是孔径与目数之间的关系，见表 8-34（英国 BS410，U. S. 材料检验协会 ASTM-E11 及 U. S. Tyler 标准）。

表 8-34　孔径与目数之间的关系

孔隙度/μm	BS410 目数	ASTM-E11 编号	Tyler 目数
850	18	No. 20	20
710	22	No. 25	24
600	25	No. 30	28
500	30	No. 35	32
425	36	No. 40	35
355	44	No. 45	42
300	52	No. 50	48
250	60	No. 60	60
212	72	No. 70	65
180	85	No. 80	80
150	100	No. 100	100
125	120	No. 120	115
106	150	No. 140	150
90	170	No. 170	170

孔隙度/μm	BS410 目数	ASTM-E11 编号	Tyler 目数
75	200	No. 200	200
63	240	No. 230	250
53	300	No. 270	270
45	350	No. 325	325
38	400	No. 400	400

电子显微镜放大倍数与实际尺寸对照，见表 8-35。

表 8-35 电子显微镜放大倍数与实际尺寸对照表

放大倍数	观测物相为 1mm 时的实际尺寸/μm	放大倍数	观测物相为 1mm 时的实际尺寸/nm	放大倍数	观测物相为 1mm 时的实际尺寸/nm
50	20	800	1250	14000	71
60	16.6	900	1111	15000	67
63	15.8	1000	1000	16000	63
70	14.0	1250	800	17000	59
75	13.3	1500	666	18000	56
80	12.5	1600	625	20000	50
90	11.0	2000	500	25000	40
100	10.0	2500	400	30000	33
125	7.0	3000	333	35000	29
150	6.6	3200	313	40000	25
160	6.3	4000	250	45000	22
200	5.0	5000	200	50000	20
250	4.0	6000	167	55000	18
300	3.3	7000	143	60000	17
320	3.1	8000	125	70000	14
400	2.5	9000	111	80000	13
500	2.0	10000	100	90000	11
600	1.6	11000	91	100000	10
700	1.4	12000	83	150000	7
750	1.3	13000	77	200000	5

注：$1m = 10^9 nm = 10^6 \mu m = 10^3 mm$。

（12）碳硫联定。

（13）色谱分析仪。

8.7　产品的包装贮存及运输

（1）羰基镍粉末包装。由热分解器里输送出来的羰基镍粉末，经过合批混合、筛分后包装。包装的料袋一定要求密封性好，保证在贮存的一定时间内，包装袋内充满的氮气不会泄漏，以防止氧化而降低活性。

包装附产品说明：分析报告、生产日期及注意事项。

（2）羰基镍粉末贮存。产品贮存在常温、通风的仓库，远离高温及火源。

（3）羰基镍粉末运输。羰基镍粉末容易氧化发热起火，运输时必须申报危险品运输。

参 考 文 献

［1］Joseph R. The Winning of Nickel. 1967：374～383.

［2］Paul Queneauc E. Part Ⅱ—The Inco pressure carbonyl（IPC）process［J］. J. of metals, 1969，7：41～45.

［3］Кипнис А Я，Михайлова Н Ф. Каарбоннилый способ получения никеля. М. Цвеетметин фоормация. 1972：104～134.

［4］Сыркин В Г. Порошковая металлургия. 1970（4）：8～12.

［5］Dr Victor A. Ettel & J. Roy Gordon Research Laboratory，INCO Limited《INCO SPECIALTY POWDER PRODUCTS》INCO 太平洋营销有限公司上海代表处，1998.

［6］Бёлозерский Н А. Карбонилй Металлов. Москва. Научно. тёхничесое и здательства. 1958, 27：177～242.

［7］Сыркин В Г. Карвонильный Метллы，М. Метллургидам. 1978：122～125，142～160.

［8］钢铁研究总院粉末冶金研究室. 羰基镍粉末制取的研究报告，1965.

［9］冶金工业部情报研究所陈维东. 国外有色冶金工厂：镍与钴［M］. 北京：冶金工业出版社，1985.

［10］中国核工业总公司 857 厂. 羰基法系列产品简介，1992.

［11］滕荣厚. 我国羰基法精炼镍技术的发展方向［J］. 中国有色金属，2006（3）：17～23.

［12］俞燮廷，滕荣厚，胡荣泽. 超细金属颗粒的特性及应用［J］. 粉末冶金技术，1992（2）.

［13］加拿大 CVMR（Chemical Vapor Metal Refining Inc.）公司的产品说明。

9 一氧化碳及辅助气体

9.1 羰基法精炼镍工艺中所用的气体原料

在羰基法精炼镍工艺中，所需要的气体原料主要有：一氧化碳气体、氢气、硫化氢等。氢气用来还原氧化镍原料；一氧化碳气体用来合成羰基镍络合物；硫化氢气体为催化剂。除了主要气体原料外，还有辅助气体，如：氮气、氧气、压缩空气等。

9.1.1 羰基法精炼镍工艺中所需要的气体原料

9.1.1.1 水煤气

（1）水煤气的成分。在早期蒙德常压羰基法精炼镍的工艺中（塔式组合流程），使用水煤气。水煤气的主要成分为：$40\%\,CO$，$51\%\,H_2$，$4\%\,N_2$，$4\%\,CO_2$，$1\%\,CH_4$。

（2）水煤气的作用。蒙德常压羰基法精炼镍工艺流程中，水煤气中 $H_2(51\%)$ 作为还原气体；水煤气中 $CO(40\%)$ 作为羰基镍络合物合成气体原料。

9.1.1.2 一氧化碳气体

（1）一氧化碳气体的成分。羰基法精炼镍工艺中，合成羰基镍络合物使用 CO 气体，实际控制的指标为：$CO>95\%$，$O_2<1\%$，$CO_2<1\%$。

（2）一氧化碳气体的作用。羰基法精炼镍工艺中，一氧化碳气体是合成羰基镍络合物不可缺少的原料。在一定的温度及压力下，一氧化碳气体与活性金属镍进行合成反应，生成羰基镍络合物。反应式为：$Me + nCO \rightarrow Me(CO)_n$

9.1.1.3 氢气

（1）氢气的要求。工业纯度的氢气，能够满足工艺要求。

（2）氢气的作用。羰基法精炼镍工艺中，氢气作为还原气体原料。经过焙烧脱硫后的氧化镍，在一定的温度下，利用氢气还原氧化镍获得金属海绵镍。

9.1.1.4 活化催化剂硫化氢气体

（1）硫化氢气体的要求。工业纯度的硫化氢气体，能够满足工艺要求。

（2）硫化氢气体的作用。硫化氢气体是羰基镍络合物进行合成反应的催化剂。焙烧的氧化镍原料经过氢气还原后，获得海绵状金属镍。海绵状的金属镍，要在硫化窑进行硫化处理，使得被还原的镍，具有合成活性，加速羰基镍络合物合成反应速度。硫化氢催化作用是不可低估的，它会带来巨大的经济效益。

（3）安全要求。硫化氢为无色气体，分子式为 H_2S、相对分子质量为34.076、蒸气压为 2026.5kPa（25.5℃）、闪点小于-50℃、熔点是-85.5℃、沸点是-60.4℃、相对密度为 1.19（空气＝1）、燃点为 292℃，能溶于水。低浓度时有臭鸡蛋气味，有剧毒、易燃，与空气混合能形成爆炸性混合物，遇明火、高热能引起燃烧爆炸。因此，在使用硫化氢气体时，一定要遵守安全操作规程，避免事故发生。

9.1.2　羰基法精炼镍工艺中所用的辅助气体

9.1.2.1　氧气[1]

氧气是利用焦炭法来制取一氧化碳气体的原料，工业氧气标准见表9-1。

表9-1　工业氧气标准

O_2 含量（体积分数）/%	≥99.5
N_2 含量（体积分数）/%	≤0.8
H_2O 含量	无

9.1.2.2　氮气[2]

在辅助气体材料中，氮气用来压力容器清扫残留的羰基镍气体及产品包装。氮气标准见表9-2。

表9-2　氮气标准

气体含量	工业氮	纯氮	高纯氮	超纯氮
N_2 纯度（体积分数）/%	≥99.2	≥99.99	≥99.999	≥99.9999
O_2 含量（体积分数）/%	≤0.8×10⁻⁴	≤50×10⁻⁴	≤3×10⁻⁴	≤0.1×10⁻⁴
Ar 含量（体积分数）/%				≤2×10⁻⁴
H_2 含量（体积分数）/%		≤15×10⁻⁴	≤1×10⁻⁴	≤0.1×10⁻⁴
CO 含量（体积分数）/%		≤5×10⁻⁴	≤1×10⁻⁴	≤0.1×10⁻⁴
CO_2 含量（体积分数）/%		≤10×10⁻⁴	≤1×10⁻⁴	≤0.1×10⁻⁴
CH_4 含量（体积分数）/%		≤5×10⁻⁴	≤1×10⁻⁴	≤0.1×10⁻⁴
H_2O 含量（体积分数）/%	无	≤15×10⁻⁴	≤3×10⁻⁴	≤0.5×10⁻⁴

9.1.2.3　压缩空气

在辅助气体材料中，压缩空气经过净化、加湿、加温后贮存在贮气罐中，作为送风口罩洁净空气的来源。操作人员在处理事故或者检修时，供给呼吸新鲜空气确保安全。

9.1.2.4　蒸汽

作为加热气体及设备清扫的气体。

9.1.2.5　天然气

作为镍丸炉及镍粉炉所需要的热量供应，同时也是尾气燃烧炉的燃料。

9.2　羰基法精炼镍工艺中 CO 气体的技术要求

9.2.1　CO 气体的技术要求

羰基法精炼镍的工艺中，一氧化碳气体是合成羰基镍络合物不可缺少的原料。为了获得高效的羰基镍络合物合成率，要求一氧化碳气体原料纯度越高越好。为此，必须严格控制含有阻碍羰基镍络合物合成反应的有害杂质（O_2，CO_2，H_2O）。实验证明：如果一氧化碳气体中含有 1% 氧化性气体（O_2，CO_2，H_2O），就会使得镍的表面氧化，而阻碍羰基镍络合物合成反应的进行，降低合成反应速度。但是，由于一氧化碳制取的工艺流程不同，所获得的一氧化碳气体的纯度各不相同，表 9-3 列出了电弧炉法和石油焦法发生一氧化碳气体的控制指标。必须指出：无论采用什么方法制取一氧化碳气体，一氧化碳气体中氧化性气体（O_2，CO_2，H_2O）的含量，一定要控制在 <1%。相反，在一氧化碳气体中含有硫或者硫化氢气体，会加速羰基镍络合物合成速度。

表 9-3　电弧炉法和石油焦法发生一氧化碳气体的控制指标

方法	化学成分/%					
	CO	H_2	O_2	N_2	CH_4	CO_2
电弧炉法	92.95	5.52	0.20	0.46	0.21	0.66
石油焦法	>96		<0.4			<1

在羰基法精炼镍工艺中 CO 气体的技术要求，见表 9-4。当一氧化碳气体中 CO>95%、O_2<1%、CO_2<1% 时，一氧化碳气体的质量会满足羰基镍络合物的合成要求。

表 9-4 合成羰基镍络合物 CO 气体实际控制的指标

化学成分/%		
CO	O_2	CO_2
>95	<1	<1

9.2.2 安全要求

一氧化碳气体是无色透明气体，有剧毒。空气中最大的允许浓度为 30mg/m^3；容易在空气中爆炸，爆炸的下限是 12.5%。在一氧化碳气体生产车间及贮存间，一定要安装一氧化碳气体检测仪及报警系统。

以下将介绍实验室及工业生产中，一氧化碳气体的制取方法。

9.3 甲酸热分解法制备一氧化碳气体[3]

9.3.1 甲酸热分解的条件

甲酸热分解制备一氧化碳气体的反应式为：

$$HCOOH \longrightarrow H_2O + CO$$

甲酸热分解反应是在一定的温度下进行，反应所生成的水，被浓硫酸吸收。甲酸热分解反应的最佳温度为 100~140℃，当反应的温度大于 160℃时，有一部分甲酸分解反应变为：$HCOOH \rightarrow H_2O+CO_2$，不利于一氧化碳气体的生成。因此，控制甲酸的分解温度是非常关键的。

9.3.2 甲酸热分解法制备一氧化碳气体的工艺流程

图 9-1 所示给出了甲酸热分解法制备一氧化碳气体的工艺流程。工艺中的设备为玻璃制品。甲酸热分解器是容量为 20L 的烧瓶，带有温度测量系统。采用油浴加热反应器。热分解器中预先加入工业硫酸，待热分解器达到所需要的温度后，甲酸从计量瓶 3 中滴入反应器 4 中，甲酸在反应器 4 中进行分解反应。反应分解出来的水直接被硫酸吸收，而生成的 CO 气体经过缓冲瓶 7 和水封瓶后进入贮气罐 9。计量瓶 3 的甲酸是从原料桶用氮气压输送的。反应器中硫酸的更换是利用抽气泵抽到容器中，硫酸从硫酸贮存器加入。所制取的一氧化碳气体，经过分析仅有 0.1%~0.3%的二氧化碳气体。

甲酸热分解法虽然制备的一氧化碳气体纯度非常高，工艺流程也非常简单，但是成本太高，只能应用于实验室少量制取。

具体的操作应该注意以下三个方面：（1）硫酸的加换，当硫酸液面出现白沫时，此时应该更换硫酸；（2）甲酸的添加；（3）更换老化的橡胶管道。

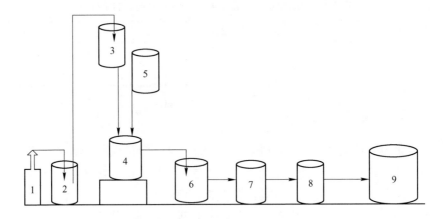

图 9-1　甲酸法一氧化碳气体发生流程图

1—氮气瓶；2—甲酸贮存器；3—甲酸高位贮存槽；4—甲酸热分解器；5—硫酸贮存器；
6—吸取废酸器；7—缓冲瓶；8—碱洗瓶；9—CO 贮罐

9.3.3　评价

利用甲酸热分解制备一氧化碳气体，具有纯度高、设备简单及操作方便的特点，但是致命的缺点是成本高，只能适合实验室中使用。

9.4　木炭电弧炉法制备一氧化碳气体[3]

9.4.1　制备一氧化碳气体

木炭电弧炉法制备一氧化碳气体。在电弧炉内，当二氧化碳气体通过灼热的木炭时，二氧化碳气体被木炭中的碳还原为一氧化碳气体。反应式为：

$$CO_2 + C \Longrightarrow 2CO - 171.38kJ/mol$$

利用电弧炉使得炉内的木炭之间产生电弧，将木炭加热到 $900 \sim 1000℃$ 之间。当二氧化碳气体通过被加热的木炭时，二氧化碳气体被还原为一氧化碳气体。该法具有温度稳定、二氧化碳气体的转化率比较稳定、工艺简单、成本低、操作方便等优点。

9.4.2　原料的准备

（1）木炭。分子式：C；相对分子质量：12；热值：$27000 \sim 34000kJ/kg$。有黑炭和白炭两种，其中白炭品质为佳。原料木炭的技术规格：挥发分 $\leqslant 4.54\%$，块度大小为 $15 \sim 20mm$，木炭破碎后过筛去除渣子。

（2）二氧化碳气体。二氧化碳气体是电弧炉法发生一氧化碳气体的必备原料。木炭加热到 $900 \sim 1000℃$ 之间。当二氧化碳气体通过被加热的木炭时，二氧化碳气体被还原为一氧化碳气体。二氧化碳分子式：CO_2；相对分子质量：44；密度：1.977；比重 1.53 (空气＝1.00)。表 9-5 给出二氧化碳气体的技术规格。

表 9-5 二氧化碳气体的技术规格

化学成分/%				
N_2	O_2	CO_2	H_2O	其他
0.99	0.018~0.072	98~99	0.021~0.030	0.005

（3）碱液。因为二氧化碳气体与木炭中的碳反应时，二氧化碳气体不能够全部参加反应。有部分的二氧化碳气体混合到一氧化碳气体中，为了提高一氧化碳气体的纯度，必须利用氢氧化钠吸收二氧化碳气体。所以，碱液是用来吸收从电弧炉出来的混合气体中的二氧化碳气体，提高产出一氧化碳气体的纯度。通常使用的氢氧化钠碱液技术规格是：质量百分比浓度为 15%。

9.4.3 木炭电弧炉法制备一氧化碳气体的工艺流程

图 9-2 给出了木炭电弧炉法制备一氧化碳气体的工艺流程图。

CO 气体发生系统工艺流程：CO_2 气体汇流排→CO_2 贮气罐→流量计→电弧炉→冷却器→除尘器→水洗塔→碱洗塔→气液分离器→分析仪→湿式气柜。

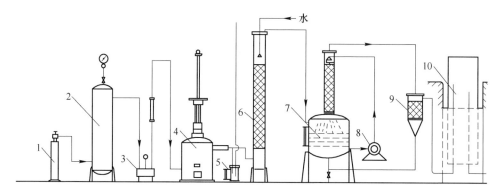

图 9-2 电弧炉法发生一氧化碳气体工艺流程

1—CO_2 气体；2—CO_2 气罐；3—水环泵；4—电弧炉；5—放空；6—水洗塔；
7—碱洗塔；8—循环碱泵；9—气-液分离器；10—CO 贮气罐

9.4.4 木炭电弧炉法制备一氧化碳气体的操作

（1）系统赶气。开启 CO_2 气体气罐阀门，控制一定流量的 CO_2 气体通过电弧炉进入系统，最后由气-液分离器放空阀门排出。利用 CO_2 气体排除系统中的空气。

（2）升温。通电升温，当电弧炉的中部温度达到（1000±50）℃时，开启水洗塔，碱洗塔，通入设定量的 CO_2 气体。

（3）气体分析。当从气-液分离器分离出来的 CO 气体，经气体分析仪检测合格时，将 CO 气体通入 CO 贮气罐。

9.4.5　木炭电弧炉法制备一氧化碳气体的主要影响因素

9.4.5.1　电弧炉的中部温度控制

电弧炉的中部温度控制在（1000±50）℃，二氧化碳气体流量按照设计准许流量时，二氧化碳气体在电弧炉中的转化率可以达到95%（二氧化碳气体变成一氧化碳气体）。二氧化碳气体与碳的反应是吸热反应，所以，提高电弧炉的温度会增加二氧化碳气体的转化率。但是，当炉膛的温度≥1000℃后，二氧化碳气体的转化率不但没有多大的提高，反而石墨电极也会与二氧化碳气体进行反应，消耗电极速度加快。另外，耐火材料中的低熔点物质熔化破坏炉膛，因此，炉膛内的温度应≤1000℃。

9.4.5.2　二氧化碳气体与木炭低接触时间的控制

二氧化碳气体与木炭低接触时间，也会影响二氧化碳气体的转化率。转化率变化主要是通过炉膛直径和上下电极的距离的变化而改变的。表9-6列出了接触时间对转化率的影响。

表 9-6　接触时间对于二氧化碳气体转化率的影响

CO_2 与木炭的接触时间/s	电弧炉尺寸/mm		电弧炉出口中 CO_2 气体的含量/%
	炉膛直径	加热区高度	
10.4	180	170	>15
17.7	180	290	~12
28.9	230	290	~5

9.4.5.3　除二氧化碳气体及灰尘

电弧炉产生的一氧化碳气体中，含有一定量没有转化的二氧化碳气体。该混合气体首先进入水洗塔，利用循环水吸取部分二氧化碳气体，洗掉混合气体中的灰尘，降低气体的温度。接着混合气体进入碱洗塔，利用循环喷淋的碱液（10%~15%NaOH，循环量为 $1m^3/h$）洗涤二氧化碳气体。经过碱洗后 CO 气体纯度可以达到93%~98%，杂质为 N_2 和 H_2。混合气体中的杂质是由木炭含有挥发分（≤4%~5%）和水分，还有二氧化碳气体中含有1%的氮气所致。经过碱洗前、后一氧化碳气体成分，见表9-7。

表9-7 碱洗前、后一氧化碳气体成分 （%）

组分	N_2	H_2	O_2	CO_2	H_2O	Ar	CO
CO_2	0.99	—	0.01~0.07	98~99	0.02~0.03	0.001	—
CO 碱洗前	1.8~3.7	1.6~4.8	0.08~0.12	2.8~4.0	0.2~0.5	0.027	90~91
CO 碱洗后	2.7~3.2	2.0~3.1	0.1~0.16	0.2~0.3	0.01~0.5	0.02	93~97

9.4.6 电弧炉

图9-3所示为电弧炉的示意图。

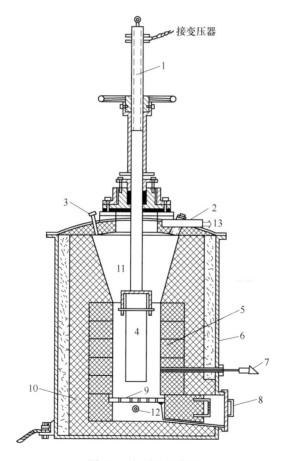

图9-3 电弧炉示意图

1—上电极移动杆；2—装木炭口；3—测量炉膛压力口；4—石墨电极；5—镁砖耐火材料；
6—金属炉壳；7—铂-铑热电偶；8—炉门；9—下电极；10—耐火材料保温层；
11—炉膛；12—二氧化碳气体入口；13——氧化碳气体出口

9.5 石油焦氧化还原反应制备一氧化碳气体

石油焦通过密封的加料罐，加入到煤气发生器里。密封罐有两个阀门，交替开关以达到密封的目的。反应区的温度为 1000~1100℃，氧气的压力为 0.35~0.4MPa，石油焦的灰分<1%。

从发生器出来的一氧化碳气体，通过水洗涤，将除去烟尘；再经过泡沫收尘器和湿式除尘器（上面是湿式电收尘，下面是装填料的洗涤塔）把烟气中的烟尘再次除去；然后在脱硫塔中喷入碱液，除掉二氧化碳气体及硫。产出的一氧化碳气体成分为：CO>96%，O_2<0.4%，CO_2<1%。

石油焦氧化还原反应制备一氧化碳气体成本低、产量大，适合大规模工业生产。

9.6 焦炭富氧造气法制备一氧化碳气体[4]

羰基法精炼镍的大规模工业化生产流程中，采用焦炭纯氧法制取一氧化碳气体。该方法不但产量大，而且价格便宜。要求焦炭中固定碳含量大于85%；纯氧气体采用深度冷却空分法制取，氧气纯度大于99.6%。

原料焦炭经防爆电动葫芦送至一氧化碳气体发生炉。焦炭装入造气炉中，使焦炭燃烧生成二氧化碳气体。当二氧化碳气体上升时，遇到上层红热的焦炭层而被还原为一氧化碳气体。得到一氧化碳气体含量在90%以上的粗煤气。一氧化碳气体经水洗塔水洗除尘后，再通过静电除焦油、脱硫、脱氧后，由压缩机送入湿式气柜。经过水洗除尘的气体将被压机加压到1.3MPa进行变压吸附，脱除二氧化碳、甲烷、氮气等杂质，得到纯度99%以上的一氧化碳气体。采用此工艺制取的一氧化碳气体纯度高，为羰基镍络合物合成提供了有力保证。

9.7 甲醇裂解法制备一氧化碳气体[4]

甲醇裂解法制备一氧化碳气体的主要流程是：甲醇经进料泵计量、增压、汽化、过热后变为甲醇蒸汽。在一定温度下，通过装有专用甲醇裂解催化剂的反应器，得到组成约为 2:1 的氢气和一氧化碳气体的裂解气。经冷凝器冷却，然后进入气液分离器分离，裂解气从气液分离器上部出来进入净化器，未反应的甲醇冷凝返回甲醇贮罐循环使用。裂解气送入净化器脱除气体中的有害杂质后，进入CO膜分离提纯单元，得到纯度≥96%的一氧化碳气体产品。中间产品为纯度>90%的氢气，可再进入氢气提纯系统得到氢气≥99.9%的产品。该方法既能够获得高纯度的一氧化碳气体，供给羰基镍络合物合成反应；又能够获得高纯度的氢气，供给原料镍的还原工序。

焦炭富氧造气法制取一氧化碳气体工艺中，包括了尾气变压吸附系统。甲醇裂解法制取一氧化碳气体工艺中，必须再建一套尾气变压吸附系统，增加了额外投资。甲醇裂解法中副产品氢气能够利用，可降低 CO 气体的生产成本。从以上比较可知：焦炭富氧造气法具有生产成本低，流程简单，且一氧化碳气体分离与羰基镍、羰基铁生产线产生的尾气合用一套变压吸附装置等优点。焦炭富氧造气法与甲醇裂解法的比较，见表 9-8。

表 9-8 焦炭富氧造气法与甲醇裂解法的比较

比较项目	焦炭富氧造气法制一氧化碳	甲醇裂解法制一氧化碳
生产能力	$74m^3/h$	$50m^3/h$
成套装置总报价	408 万元	240 万元
所需厂房建筑面积	$168m^2$	$140m^2$
电耗量	$63.3kW \cdot h/h$	$50kW \cdot h/h$
循环冷却水耗量	$42.5t/h$	$20t/h$
原材料耗量	焦炭：$100kg/h$	甲醇：$110kg/h$
单位气体生产成本	3.82 元/m^3	7.31 元/m^3

参 考 文 献

[1] 工业氧气现行标准，中华人民共和国国家标准 GB/T 3863—2008.
[2] 工业氮气现行标准，中华人民共和国国家标准 GB/T 3864—2008.
[3] 钢铁研究总院粉末冶金研究室. 羰基镍粉末制取及性质的研究报告，1965.
[4] 钢铁研究总院粉末冶金研究室. 100 吨级羰基镍粉末生产线论证报告，2000.

10 羰基法精炼镍的工厂安全生产及环保

10.1 概述[1,3,4,7,10]

10.1.1 羰基法精炼镍工艺流程具有高度危险性

羰基法精炼镍工艺流程是具有高度危险的工厂。它的危险性主要表现在以下方面:

(1) 高压、高温。加压羰基法精炼镍的工艺是采用高压、高温(高压可达250MPa,温度为250℃);即使是常压羰基法精炼镍工艺流程也存在引起爆炸的危险(当系统混入空气)。

(2) 气体原料的危害。一氧化碳气体是合成羰基镍络合物的必备原料;硫化氢气体是羰基镍络合物合成的催化剂。它们都是易燃、易爆、有毒气体原料。

(3) 中间产物羰基镍(铁)络合物的危害。羰基法精炼镍工艺流程中的中间产物,羰基镍及羰基铁络合物为剧毒、易燃、易爆有害物质。

(4) 超细镍(铁)粉末的危害。超细镍粉末和超细铁粉末也是易燃、易爆的危险品。

10.1.2 防患于未然

既然我们已经认识到羰基法精炼镍工艺的危害性,那么就要采取有效的措施来预防事故的发生。

(1) 把好设计、制造及安装关。首先是确保工艺流程中的每一个工序环节达到国家制定的安全及环保标准。从目前的压力容器制造技术来看还达不到零泄漏,只能控制在国家要求的泄漏率标准范围内。要做到这一点那就应该从设计、制造及安装的根本上入手。羰基法精炼镍工艺流程必须按照国家规定化工类剧毒、易燃、易爆工艺流程标准进行设计,确保源头安全可靠;工艺流程中的设备的制造及安装,由具有制造三类容器资格的工厂来制造及安装。

(2) 监控及报警。羰基法精炼镍工艺流程中,必须安装分析报警仪器、监视探头等。设置分析灵敏度高的探头。当发现某一处危险品浓度超标时,及时地发出报警。

(3) 羰基法精炼镍车间通风一定要达到设计要求。羰基法精炼镍车间的通风系统,是保障车间安全生产的重要组成部分。在开工前一定要进行严格测试,通风指标达到设计安全要求的技术指标后,才能够开工。通风系统中的送风、排风及事故排风要配置两套。车间内要达到要求的换风次数:8~10 次/h。

10.1.3 事故的扑救措施

一旦发生事故,就要迅速地实施扑救,将事故消灭在萌芽状态。如果事故得不到控制,继续蔓延时,要及时求助专业队伍及医疗机构。

10.1.4 人员防护

保护工作人员的安全是第一位重要的。一旦发生事故,现场的工作人员首先要佩戴防护工具,然后再进入现场处理事故。

10.2 羰基法精炼镍车间有害物来源及种类[1~3]

10.2.1 羰基法精炼镍精炼车间的有害物质来源

(1)高纯度的一氧化碳气体。高纯度一氧化碳气体主要来源于一氧化碳气体生产工序、一氧化碳气体压缩工序、羰基镍络合物合成工序及羰基镍络合物热分解工序。

(2)四羰基镍(铁)络合物。四羰基镍络合物(液体及气体)主要来源于羰基镍络合物合成工序、羰基镍络合物贮存工序及羰基镍络合物热分解工序。

(3)硫化氢气体。硫化氢气体来源于硫化工序。

(4)羰基镍粉尘。羰基镍络合物粉尘主要来源于羰基镍络合物热分解工序及羰基镍粉末产品库。

(5)五羰基铁络合物。由于羰基镍络合物中含有少量羰基铁络合物,五羰基铁络合物(液体及气体)主要来源于羰基镍络合物合成工序、羰基镍络合物贮存工序及羰基镍络合物热分解工序。

(6)羰基铁粉尘。羰基铁粉尘主要来源于羰基铁热分解工序及羰基铁粉末产品库。

(7)氨气。氨气主要来源于羰基铁热分解工序。

(8)羰基法精炼镍精炼车间固体残渣。

1)羰基化成固体残渣。合成固体残渣含有少量的四羰基镍络合物的生灰物料,在空气中易燃。

2)精馏的残液。精馏残液是 $Ni(CO)_4$、$Fe(CO)_5$ 和 $Co(CO)_8$ 的混合物,在空气中易燃,有火险易爆。残液在空气中浓度达到 3.5%~48.5% 时具有爆炸的危险。在工作区空气中残液极限浓度为 0.0005mg/m³(原苏联 ГОСТ 标准)。

（9）生产过程中有害物质泄漏的几个途径。在羰基法精炼镍精炼车间里，有害物质的泄漏是不可避免的，能够清楚地掌握工艺中最为薄弱的环节是必要的。

1）高压羰基合成工序的泄漏。在羰基镍络合物（羰基铁络合物）的合成中，都是在高压、高温的条件下进行的。由于羰基物具有极强的渗透性，再加上密封面加工的质量问题，所以羰基合成工序中的高压反应釜、高压管道接头都是主要的泄漏点。

2）羰基物精馏工序的泄漏。尽管羰基物精馏系统的压力很低（1~10kPa），但是精馏塔的接头多，而且是气体羰基物，所以在整个车间的生产过程中，精馏工序的有害气体的浓度为整个车间之首。

3）贮存中的泄漏。羰基物的贮存工序是存放液体粗羰基物料及液体精羰基物料（精馏后的产物）的地方。它的特点是量大、贮存器具有一定的压力，泄漏的可能性极大。尽管贮存罐在水池中，泄漏物对于水及空气构成污染。因此，羰基物的贮存工序是预防事故的重点。

4）产品输送过程的泄漏。羰基物从一个工序输送到另一个工序，有时是液体输送，有时是气体输送；输送的管道一会是高压，一会是低压。管道的接口长时间处在张弛的应力状态下，管道的接口会松弛而引起泄漏。

5）检修时的泄漏。车间停产检修时，由于冲洗消毒进行得不够彻底。因此，有时管道的死角处或者容器里残留羰基物，卸开时就会有羰基物泄漏。

6）违规操作造成的泄漏。违规操作所应发的事故也是时有发生。

7）意外事故时的泄漏。由于设备、管道及阀门的质量；或者是外部环境因素引发的泄漏。

10.2.2　羰基法精炼镍精炼车间主要有害物质的物理化学性质及毒性[1,3~4]

10.2.2.1　一氧化碳气体

（1）一氧化碳气体的性质。一氧化碳（Carbon Monoxide，CO）纯品为无色、无臭、无刺激性的气体，相对分子质量为28.01，密度为0.967g/L（比空气轻），冰点为-207℃，沸点为-190℃，在水中的溶解度甚低，容易溶解于氨水。它与空气混时，浓度达到12.5%~75%就会形成具有爆炸危险的混合物。一氧化碳气体在工作区空气中的极限允许浓度为20mg/m³。

（2）一氧化碳气体的毒性。有资料证明，吸入空气中CO浓度为240mg/m³共3h，Hb（血红蛋白）中COHb（载CO的血红蛋白）可超过10%；CO浓度达到292.5mg/m³时，可使人产生严重的头痛、眩晕等症状，COHb可增高至25%；CO浓度达到1170mg/m³时，吸入超过60min可使人发生昏迷，COHb约高至

60%；CO 浓度达到 11700mg/m³ 时，数分钟内可使人致死，COHb 可增高至 90%。

10.2.2.2 四羰基镍络合物

（1）四羰基镍络合物潜在的危险属性。四羰基镍络合物，在常压下是一种无色透明的液体，在玻璃容器里不容易被发现。在标准状态下，其沸点为 43.2℃、蒸气压为 50.66kPa（标准状态）。即使在 0℃ 时，也会缓慢地蒸发，其蒸气压为 17.865kPa。其蒸汽的密度是空气的 5.9 倍，非常容易挥发很难密封。逸出的四羰基镍络合物气体沉积在房间死角内，不容易排出。四羰基镍络合物是易燃、易爆、剧毒的化合物质。在空气中四羰基镍络合物容易自燃，它与空气混合浓度达到 3.5%~4.8% 就会形成具有爆炸危险的混合物。人体主要经呼吸道染毒，亦可经皮肤吸收。

（2）四羰基镍络合物的毒性及危害。在空气中可氧化作用，容易被氧化剂作用放出一氧化碳气体。四羰基镍络合物容易燃烧，在有氧气或者空气存在时，加热到 60℃ 会强烈地分解，燃烧速率为 2.7mm/min，最低可以燃烧的极限为 2%，健康危害等级为 4。低浓度的羰基镍络合物蒸汽带有土腥味，高浓度时有令人恶心的腥臭味。长时间吸入含有低浓度羰基镍络合物的空气时，人的嗅觉就会钝化。人体主要经呼吸道染毒，亦可经皮肤吸收。

（3）对机体的一般作用特征。四羰基镍络合物刺激呼吸道，同时具有颇为强烈的全身性致毒作用，特别是对神经系统（因为四羰基镍络合物是催化性毒物）及对中间代谢的致毒作用。四羰基镍络合物蒸汽由呼吸系统吸入后，经过肺部可以分解为 CO 和极细的 Ni 纳米级粉末。其分解出来的 CO 气体会破坏血液内的红血球；而纳米级的羰基镍络合物粉末颗粒，在血液中形成具有局部作用的胶体溶液，随着血液流布在各个内脏器官，则产生全身性致毒效应。据推测，这种致毒作用也具有过敏性。纳米级的镍粉末颗粒在内部机体中沉积量不多，而大部分被发现在肾脏和尿中排出。

（4）人体的中毒情况与致毒浓度。四羰基镍络合物在临床上对人体可带来急性和慢性中毒的危害。当浓度为 0.0035mg/L 时，就能感觉到四羰基镍络合物的嗅味。在吸入低浓度四羰基镍络合物蒸汽后，通常除呼吸道受到刺激外，还产生头晕、头疼等症状。在较严重的病例中会产生胸部紧张、恶心、有时呕吐、倦怠、发汗、呼吸困难等中毒症状，并伴有虚脱。轻微病例会发生类似"铸工热"型疾患，当处在新鲜空气中病象会逐渐消失。在最初的时候，症状及疾患情况也像一氧化碳气体中毒一样。但经过 12~18h 后，甚至更长一段时间，发生极度呼吸困难、胸痛、咳嗽、发绀及体温升高，胸廓的活动性减少、头震颤加剧、扣诊呈现浊音、吸气延长，听诊时发现支气管呼吸、湿啰音、捻发音及第二心音加强、心脏扩张。在血液发现有中度白血球增多，淋巴球及单核血球增多，有时也有白血球减少症及颗粒白血球增多，也有白血球减少症及颗粒白血球凝结症。再迟，除肺部现象外，还会出现以下现象：右季肋部有压感，抚摸时疼痛，尿中有尿胆素原。

在较轻病例中，病象在 10~14 天逐渐减弱；在严重病例中，心力衰竭加强，能够出现谵妄及痉挛。当吸入高浓度四羰基镍络合物后，头的前额部分呈现长时间的剧烈疼痛。作为紧急处理如按 CO 中毒处理是可以的。但是和 CO 中毒不同之处是中毒后数日内发生更激烈的后发症状，一般认为是由于体内吸收的镍化合物所致。若同时吸入有四羰基镍络合物和 CO 气体的混合物时，人立刻失去知觉。这些症状会很快消失，但在进入中毒第二阶段，发生喘息，左右肋部感觉压力，抚摸时感觉疼痛，并产生干咳、呼吸困难、失神、昏睡。在较重症状时，心脏的衰弱增强，能出现抽搐痉挛，并产生肺水肿及特有的肺炎。如不经医治，在10~14 天内，患者在类似于窒息性毒气的作用所引起的情况下死亡。

病理解剖学的变化指出：肺充血、肺炎和肺水肿，胃肠组织充血及有细小出血点；在中枢神经系统中发现浮肿及有细小出血点，在脑丘质及胼胝体中，在灰结节中，在颈部和胸部的脊髓中特别显著。毛细血管的变化及许多出血点是否取决于组织的缺氧还是由于循环于血液中的镍化合物引起的，尚不清楚。经解剖发现中毒者的器官和组织中的镍含量分布如下：在尿中有 109~1388μg，肾脏中有 75~169μg，肺中有 29μg，在其余的组织和血液中有 18μg。当四羰基镍络合物浓度达到 7mg/L 时，就能引起人的上述中毒状况。

关于慢性中毒尚无确切资料。从生物学角度来看，当人们发生心肌梗塞、中风、烧伤、慢性肝炎和尿毒症后，血清中镍浓度有所增加。这种情况表明，正常组织受到损害就会释放出镍。在 15 个职业接触四羰基镍络合物几个月的人员中，尿中镍含量为 0.04~2.24μg/mL，一旦不接触，就会恢复至正常含量。从病例报告和流行病学研究来看，四羰基镍络合物致癌危险性基本上已不成立。自 1925 年后，威尔士羰基法精炼镍车间未发生癌症患者。

10.2.2.3　五羰基铁络合物

（1）五羰基铁络合物的性质。五羰基铁络合物相对分子质量为 195.90，在标准状态下熔点为 −21℃，沸点（101.325kPa）为 105℃，液体密度（101.325kPa，21℃）为 1457kg/m^3，气体比热 C_p(25℃) 为 886J/(kg·K)，燃点为 320℃，蒸气压为 5.7kPa(30℃)、14.5kPa（50℃）、46kPa（80℃），易燃性级别为 4，毒性级别为 4，反应活性级别为 3。羰基铁是不稳定的易燃性化合物，能自燃，与氧化性化合物激烈反应。它不溶于水，溶于醇、醚、苯及浓硫酸。

（2）五羰基铁络合物的毒性。五羰基铁络合物的毒性级别为 4，急性毒性为 LD50 12mg/kg（兔经口）、240mg/kg（兔经皮）、22mg/kg（豚鼠经口）。

10.2.2.4 铁粉尘

长时期摄入铁时，不论是通过哪个渠道，都可以造成组织中铁的病理沉积。这有可能导致胰腺的纤维化、糖尿病和肝硬化。严重的血色沉着病，一种基因异常导致的铁吸收过量病，它的临床症状有皮肤色素沉着、糖尿病、伴随着肝功能紊乱的肝肿大并出现垂体功能减退。

10.2.2.5 氨气

(1) 氨气的性质。氨气为无色气体，有刺激性恶臭味，分子式为 NH_3，相对分子质量为 17.03。蒸汽与空气混合物爆炸极限为 16%~25%（最易引燃浓度为 17%）。氨气在 20℃水中溶解度为 34%。25℃时，在无水乙醇中的溶解度为 10%，在甲醇中的溶解度为 16%，溶于氯仿、乙醚，它是许多元素和化合物的良好溶剂。水溶液呈碱性，0.1N 水溶液 pH 值为 11.1。在非爆炸极限范围内遇热、明火，难以点燃而危险性较低；但氨气和空气混合物达到上述浓度范围遇明火会燃烧和爆炸，如有油类或其他可燃性物质存在，则危险性更高。

(2) 氨气的毒性。人吸入 LC50：5000ppm/5H，大鼠吸入 LC50：2000ppm/4H，小鼠吸入 LC50：4230ppm/1H。氨气对黏膜和皮肤有碱性刺激及腐蚀作用，可造成组织溶解性坏死，高浓度时可引起反射性呼吸停止和心脏停搏。人接触 $553mg/m^3$ 可发生强烈的刺激症状，可耐受 1.25min；$3500~7000mg/m^3$ 浓度下立即死亡。

10.2.2.6 镍粉尘

按俄罗斯国家标准，镍粉属二级危险物质，镍粉不自燃（自燃温度为 470℃），要注意防火防爆。在工作区空气中镍粉极限允许浓度不超过 $0.5mg/m^3$。

10.2.2.7 硫化氢气体

(1) 硫化氢的一般性质。硫化氢，分子式为 H_2S，相对分子质量为 34.076，标准状况下是一种易燃的酸性气体，无色，低浓度时有臭鸡蛋气味，有剧毒。硫化氢气体是一种重要的化学原料。硫化氢为无色气体，有臭鸡蛋味，其水溶液为氢硫酸，相对分子质量为 34.08，蒸气压为 2026.5kPa（25.5℃），闪点小于 -50℃，熔点是 -85.5℃，沸点是 -60.4℃，相对密度为 1.19（空气 = 1）。能溶于水，易溶于醇类、石油溶剂和原油，燃点为 292℃。硫化氢气体为易燃危险品，与空气混合能形成爆炸性混合物，遇明火、高热能引起燃烧爆炸。

(2) 危害性。

1) 易燃气体。性质与稳定性：在有机胺中溶解度极大。在苛性碱溶液中也有较大的溶解度。在过量氧气中燃烧生成二氧化硫和水，当氧气供应不足时生成水与游离硫。室温下稳定，可溶于水，水溶液具有弱酸性，与空气接触会因氧化析出硫而慢慢变浑。能在空气中燃烧产生蓝色的火焰并生成 SO_2 和 H_2O，在空气不足时则生成 S 和 H_2O。有剧毒，即使稀的硫化氢也对呼吸道和眼睛有刺激作用，并引起头痛，浓度达 1mg/L 或更高时，对生命有危险，所以制备和使用 H_2S 都应在通风橱中进行。

2）毒理资料。

相对浓度危害性	
浓度/ppm	反　应
1000~2000（0.1%~0.2%）	短时间内死亡
600	1h 内死亡
200~300	1h 内急性中毒
100~200	嗅觉麻痹
50~100	气管刺激、结膜炎
0.41	嗅到难闻的气味
0.00041	人开始嗅到臭味

3）最高容许浓度。中国（TJ36—79）车间空气中有害物质的最高容许浓度：$10mg/m^3$。中国（TJ36—79）居住区大气中有害物质的最高容许浓度：$0.0110mg/m^3$（一次值）。中国（GB 14554—93）恶臭污染物厂界标准：一级 $0.03mg/m^3$；二级 $0.06~0.10mg/m^3$；三级 $0.32~0.60mg/m^3$。中国（GB 14554—93）恶臭污染物排放标准：$0.33~21kg/h$。

10.2.2.8　羰基法精炼镍工艺方法造成的危害

（1）高压合成条件。羰基镍络合物高压合成时，一氧化碳气体压力可高达 25~30MPa。

（2）高温合成条件。羰基镍络合物高压合成时，高压釜温度达到 180~200℃。

（3）尾气排放。尾气中含有微量羰基镍络合物及粉尘。

10.2.3　羰基法精炼镍精炼车间有害物质的安全标准[1~5,9]

10.2.3.1　一氧化碳气体在空气中的允许浓度

我国车间空气中 CO 气体的最高允许浓度为 $30mg/m^3$。

10.2.3.2 四羰基镍络合物在空气中的允许浓度

（1）世界上各国家的安全标准。世界上每一个国家，对于羰基镍络合物在空气中的标准也不统一，中国于1979年制定羰基镍络合物的安全标准，规定羰基镍络合物气体在空气中的最高允许浓度为0.00014ppm（0.001mg/m³）。现将世界主要国家的安全标准列在表10-1中。

表 10-1 羰基镍络合物在空气中的最高允许浓度

国别	年度	最高允许浓度	
		ppm	mg/m³
前西德	1975	0.1	0.7
前西德	1979	0.1	0.7
日本	1967	0.001	0.007
日本	1980	0.001	0.007
美国	1973	0.001	0.007
美国	1976	0.05	0.35
美国	1980	0.11	0.78
苏联	1976	0.00007	0.0005
中国	1979	0.00014	0.001

由于四羰基镍络合物是工业卫生中要求最严的化合物之一，所以各主要生产国对此极为重视，并制定了极为严格的安全标准。目前，各国采用的安全标准有所不同。

（2）中国对于羰基法精炼镍车间的安全规定。自国内开始研制和生产羰基镍粉以来，各责任部门对搞好四羰基镍络合物安全生产和防毒工作十分重视。除制定了车间空气中四羰基镍络合物的最高允许浓度指标外，还就如何搞好四羰基镍络合物安全生产和防毒工作，四羰基镍络合物热分解制取粉末的生产过程中废气处理及综合利用，报警装置，慢性四羰基镍络合物毒理实验，四羰基镍络合物粉尘毒理实验，四羰基镍络合物及其粉尘体检观察，空气中四羰基镍络合物的测定，空气中四羰基镍络合物粉尘的测定，尿镍测定及临床排镍药物的探讨等工作进行研究。我国的四羰基镍络合物安全标准仅次于前苏联标准，规定四羰基镍络合物生产车间的允许浓度为0.00014ppm。

（3）俄罗斯对于羰基法精炼镍车间的安全规定。俄罗斯国家标准ГОСТ规定工作区空气中$Ni(CO)_4$允许的极限浓度为0.0005mg/m³，该标准是无法分析出来的，所以一直没有执行。俄罗斯北方镍公司羰基法精炼镍车间一直执行一个经验标准，当工作区（控制室，休息室及办公室）空气中羰基镍络合物的浓度超过

0.01mg/m³时，必须戴防毒面具。

（4）加拿大国际镍公司羰基法精炼镍车间的安全规定。加拿大国际镍公司铜崖精炼厂、英国的科里达奇精炼厂，都是大规模现代化的羰基法精炼镍（铁）工厂。虽然车间的换风次数不尽相同，但是对于车间空气中有害物质，都控制在安全标准浓度以下。INCO 的铜崖精炼厂已达到 ppb 级。为此，要保持车间内不断地有新鲜空气供应，车间里的空间必须达到一定的换风次数，安装事故排风、安装监测系统和报警装置等。

10.2.3.3 五羰基铁络合物在空气中的允许浓度

德国于 1975 年规定：羰基铁粉末车间的空气中五羰基铁络合物含量不高于 0.8mg/m³，目前我国无卫生标准。

10.2.3.4 铁粉尘在空气中的允许浓度

我国卫生标准规定：可接受的铁化合物平均接触（基于每天 8h）如下：氧化铁粉，10mg/m³；福美铁，15mg/m³；铁钒（合金）粉尘，1mg/m³。空气中氧化铁极限值（TLV）也是 10mg/m³。如果要预防肺铁末沉着症，需要 5mg/m³ 的上限。

10.2.3.5 镍粉尘在空气中的允许浓度

镍粉尘有毒，按俄罗斯国家标准是属二级危险物质，要注意防火防爆。在工作区空气中镍粉尘极限允许浓度不超过 0.5mg/m³。

10.3 羰基法精炼镍车间的安全保障措施[2,4,5,7~9]

羰基法精炼镍车间，必须控制羰基镍络合物在十亿分之几的安全范围内。为确保安全一定要做到设备和工艺流程正确而有效的设计；灵敏的监视系统；完善的防护设备；必备的紧急事故处理措施及有效的保障。

10.3.1 工艺流程合理设计

采用自动化和遥控（隔离）操作，以减少生产人员接触四羰基镍络合物的机会，确保他们的身体健康。

（1）按照国家劳动人事部规定进行设计。由具有设计资格的设计单位进行设计。设计时必须按照化工类易燃、易爆、剧毒、高压、高温的工艺流程安全标准进行设计。

（2）工序的合理布局。一氧化碳气体压缩加压工序、高压合成工序、羰基混合物精馏工序、羰基镍络合物贮存工序独立空间与其他工序分开隔离。

（3）设备按照工艺流程合理的隔离。由于羰基镍络合物是剧毒物质，不允许系统中的每一个设备泄漏率超标；还必须保障所有的设备按照工艺流程合理的隔离，便于检修及维护；能够彻底地清洗有毒物质的残留，使得中毒的危险性降到最低。

（4）环境保护要求。羰基法精炼镍工艺流程的尾气收集后，经过燃烧炉消毒、除尘达标后，排放到大气中。

10.3.2 设备设计

羰基法精炼镍工艺中使用的所有设备，必须具有坚固、耐压及耐温度的性能。特别是高压反应釜和存放液体容器系统，必须具有很高的安全系数。基于对配件和阀门的安全系数考虑，尽量少用直径 1in❶ 或者更小的管子。在加压或者有液体的设备中不允许螺纹连接。压力容器要定期进行无损探伤及水压试验。

10.3.3 高压设备制造及安装

由于羰基镍络合物易燃、易爆、而且毒性很大，故制造高压设备及安装是安全防护的另一个极为重要的环节。设备的制造及安装必须是由具有资格的单位承担。为了做到安全生产，必须遵从以下几个方面：

（1）对高压设备的要求。羰基法精炼镍工艺中使用的所有设备，必须具有坚固、耐压、耐温度及抗腐蚀性能的不锈钢材料。特别是高压反应釜和液体贮存系统，必须具有很高的安全系数及密封性能。

（2）对于安装的要求。基于对配件和阀门的安全系数考虑，尽量少用直径 1in 或者更小的管子；在加压或者有液体的设备中不允许螺纹连接，一律采用法兰连接；压力容器要定期进行无损探伤及水压试验。按设计标准制造、安装设备，以杜绝跑、冒、滴、漏。

10.3.4 建筑要求

羰基法精炼镍车间建筑结构要符合剧毒、易燃、易爆的建筑标准。由于四羰基镍络合物羰基铁具有特殊的性能，所以，建筑结构更要突出以下几个方面：

（1）按照工序分段隔离。羰基法精炼镍车间，应按照不同工序有害物质的种类，分成几个单独隔离的空间，以便在有害气体逸出的情况下，能够迅速排出被污染的区域。

（2）车间与控制室及办公室隔离。羰基法精炼镍车间的车间与控制室、休息室、办公室等，要彻底的分开而互不串通；工作人员的进出场所要设计两道门作为缓冲带。

---

❶ 1in=2.54cm。

（3）空间尽量小。在保障设备能够正常运行所需要的空间外，还要留出足够的检修空间，空间尽量小而无死角。

（4）密封性好。羰基法精炼镍车间的密封是保障车间维持负压状态的最基本条件，也是通风机组能够达到通风所要求的参数的保障。

（5）地面采用无遮盖栅格。为了使车间内空气有效地进行循环，所有的地面都采用无遮盖的格栅，格栅之间有一定的距离，确保循环气体流畅。

（6）防爆墙。羰基法精炼镍车间，应按照不同工序有害物质的种类分成几个单独隔离的空间，其隔离墙为防爆墙。

（7）设置泄爆的墙壁。某一个工序一旦发生爆炸时，泄爆的墙壁首先被爆炸气浪推开，避免殃及其他工序。

10.3.5　监测系统

羰基法精炼镍车间的空气中羰基镍络合物的含量浓度，不允许超过安全标准。工艺流程中的危险点，必须配有监视车间空气中羰基镍络合物有害物质的仪器，分析仪的灵敏度在 $1 \sim 2ppb$ 范围，警报信号在 $4ppb$ 时发出。当车间内的空气从车间排出时，监测仪器进行检测，避免污染环境。

建立健全空气中四羰基镍络合物等有害物质的微量、极微量测定方法，加强生产车间内外环境的测毒、测尘工作。

在 20 世纪 70 年代，加拿大国际镍公司与密执安大学联合研制羰基镍络合物分析仪，是利用将羰基镍络合物浓缩到发光强度生成地荧光现象。发光是在羰基镍络合物与臭氧及一氧化碳气体混合时产生的。利用探漏喷灯，定期检测设备及接头。当分析仪检测出微量泄漏时，可以经过整个车间的网格排到燃烧系统，直到安排停产检修。

10.3.6　个人防护设备

为了防止一氧化碳气体和羰基镍络合物气体中毒，由此可能给工作人员的健康及安全造成危害，车间配制了专门为个人使用的防护设备。有两种空气防毒面罩，其一为空气压缩机连接管线分配网络的室内空气防毒面罩；另外是独立的呼吸防护服，适合紧急处理事故。

对从事四羰基镍络合物生产的人员要进行就业前的健康检查和建立一套完整的保健、体检制度。

10.3.7　紧急事故处理

紧急事故的预防及处置培训计划中，包括紧急事故的处理措施方法及操作人员的处理事故培训，以及紧急时内部与外部的应急措施。如果内部事故影响到一个车间或者车间的一个区域时，当车间空气中羰基镍络合物浓度超过 50ppb 时，开启车间的紧急事故通风排放系统；操作人员立刻关闭出事故工序设备系统，检查事故发生点；设备的隔离及抢修。当事故特别严重时，应该及时通知保安及消防部门。

10.3.8　控制仪表

确保各种设备结构和控制仪表的严密性及可靠性。

10.3.9　检修规程

制定严格的设备维修和检修规程。高压设备要按期检测，刻上不能够涂抹的日期。

10.3.10　操作规程

制定严格的安全生产操作规程。

10.3.11　尾气处理

在排放含有极微量四羰基镍络合物的废气时，必须经处理系统处理后放空，以创造一个良好的劳动条件和卫生环境。

10.3.12　生产厂区严禁烟火

由于四羰基镍络合物易燃、易爆，为了防止燃烧和爆炸事故出现，生产厂区严禁烟火。

严格培训技术和生产操作人员，并考核上岗。

10.4　羰基法精炼镍（铁）车间的通风设置[2,4,5,9,10]

10.4.1　通风设置是羰基法精炼镍精炼车间安全的最重要保障

羰基法精炼镍精炼车间的通风（排风及送风）是保障安全生产最有效的方法。无论是在正常工作、停产检修或者是在事故发生状态时，一刻也离不开通风。羰基镍络合物和羰基铁络合物都是剧毒、易燃、易爆的有害物质。在羰基法精炼镍的生产过程中，这些有害物质的泄漏是不可避免的。为了保障安全生产、为工作人员提供一个安全的工作环境及对周边环境保护。因此，羰基法精炼镍的生产车间的通风设置是极其重要的。生产车间一定要具备足够的排风能力，才能够迅速地将泄漏的有害物质降低到安全标准以下。及时地将含有害物质的空气，通过排风系统抽到焚烧炉经过燃烧后安全的排放。

由于车间是密封的，为了保持车间的微负压状态，避免有害气体向车间外渗透，将有害气体全部通过处理后排放；另一方面，新鲜空气容易补充。为此，生产车间还要具有与排风相匹配的送风系统。送风及排风系统同时工作，才能够使得生产车间空气不断地循环。车间内的动态通风，才能达到车间内空气安全标准及环境保护。

10.4.2　国内外羰基法精炼镍精炼厂的通风现状及要求

10.4.2.1　国外羰基法精炼镍精炼厂的通风现状

（1）加拿大国际镍公司羰基法精炼镍的通风标准。加拿大国际镍公司铜崖精炼厂及位于英国的科里达奇精炼厂，都是大规模现代化的羰基法精炼镍（铁）工厂。虽然车间的换气次数不尽相同，但是对于车间空气中有害物质，都控制在安全标准浓度以下。INCO 铜崖精炼厂已达到 ppb 级。为此，要保持车间内不断地有新鲜空气供应，INCO 铜崖羰基法精炼镍厂车间内空气每 1h 彻底地更换 6~10 次，安装事故排风，安装监测系统和报警装置等。

（2）俄罗斯诺列斯克精炼厂通风设施和报警装置。俄罗斯诺列斯克羰基法精炼镍生产车间内安装设计所要求的抽风机，抽风机为二套一用一备，要求排风量是进风量的 10 倍以上。使得生产车间形成负压，保证车间内的有害气体泄漏到车间外。当车间发生泄漏时，由控制室直接及时关闭送风机阀门。打开备用的抽风机，用二台同时抽风。生产车间只有抽风而不送风，防止 CO 和羰基镍络合物的气体与空气混合爆炸，此时的抽风量是送风量的 20 倍。生产车间每 1h 换风次数最高可达 20 次/h，平时为 10~20 次。

车间按照设计要求设置两套送风机组，一套使用一套备用。设计两个进风口，根据风向决定开哪一个进风口，以便使得车间排出的气体不会返回到进风口。车间里吸入的空气是新鲜的。进入车间的空气经过加热后，输送到生产车间各个工序及人员活动场所。

俄罗斯 ГОСТ 国家标准规定工作区域中羰基镍络合物在空气中的浓度 $<0.0005mg/m^3$，这样低的浓度在俄罗斯是没有分析方法的。只有通过控制 CO 气体的浓度来达到控制羰基镍络合物浓度的目的。俄罗斯 ГОСТ 国家标准规定工作区域 CO 在空气中的浓度 $<20mg/m^3$。生产车间内 CO 气体取样点设置在阀门、CO 及羰基镍络合物容易泄漏的地方。例如：羰基镍络合物合成车间设置 5 个 CO 气体取样点，精馏车间设置 5 个 CO 气体取样点。使用抽气机将取样点含有 CO 的空气抽到控制室的 CO 气体自动分析仪中，进行自动分析，自动显示及记录，当车间空气中 CO 气体的浓度超过 $20mg/m^3$ 时就会自动报警。

羰基镍络合物的合成、精馏及热分解车间要与人员活动场所（控制室、休息室、办公室、人员行走的走廊）彻底的分开。生产车间与人员的活动场所要分开，互不串通，每一个门都是单独开的；人员进入的场所设计两道门作为缓冲带，外面的空气不能直接进入室内。

由于每一个国家的安全标准有所差别，因此，国内外羰基法精炼镍（铁）车间的换风次数也不尽相同。我国规定换风次数不能低于 10 次/h。

（3）车间的微负压控制。保持车间的微负压状态，避免有害气体向车间外渗透。为此，要求排风量是进风量的 10 倍或者以上。

（4）人员活动场所的控制。要求中央控制室、办公室和休息室，保持高于车间压力 3~5mm 水柱高。采用 U 形压力计显示室内的压力，使得车间内的空气不能进入人员活动的场所。

（5）要求羰基法精炼镍精炼车间必须达到一定的换风次数。由于每一个国家的安全标准有所差别，因此，国内外羰基法精炼镍精炼车间的换风次数也不尽相同，最高的可达 20 次/h，最低的也不能低于 6~10 次/h。为了达到此目的，不仅羰基法精炼镍精炼车间内，安装的排风机组的排风量达到设计要求，而且排风量一定要大于送风机组的送风量，一般排风量为送风量的 8~10 倍。

（6）羰基法精炼镍精炼车间的通风机组配置。羰基法精炼镍精炼车间的通风机组常年处在运转状态，即使是临时停止生产，通风机组也不能够停止运转，因为成品罐中贮存大量的羰基物。为此，羰基法精炼镍精炼车间的通风机组配置为两套，一方面保证不间断通风，另一方面是为交替使用及检修方便。

（7）进风口位置设置在上风口。送风机的进风口设置，要根据当地的气象资料设置于上风口。设计两个进风口，根据风向决定需要打开哪个进风口，以便使得车间的排气不会返回到进风口，车间里吸入的空气是新鲜的。进风口与车间距离不得低于 100m；进风口配置换向装置，以便根据风向突变调整进气口，保障车间吸入新鲜空气。

（8）配置空气中有害物质检测仪。车间里配有监视车间空气中有害物质的仪器，分析仪的灵敏度在 1~2ppb 范围，警报信号在 4ppb 时发出。当车间内的空气从车间屋顶排出时，监测仪器进行检测。当监测仪器进行检测的数据超标时，立即发出警报并与事故排风联机，启动事故排风系统。

（9）区域分割通风。羰基法精炼镍精炼车间的羰基物合成工序、精馏工序、热分解制取粉末工序及羰基物贮存地点是通风的主要区域，按照不同的工序分成几个单独的通风系统。在有害气体泄漏的情况下，能够迅速排出。

10.4.2.2　国内羰基法精炼镍精炼厂的通风现状

目前国内的羰基法精炼镍发展快而且规模比较大。根据以往发生的事故分析结果来看，车间的通风存在着一些问题，尚待改进。

(1) 排风的能力不够。国内有的羰基法精炼镍精炼厂通风能力不够，车间内达不到最低的换风次数（10 次/h）要求。所以，有时车间空气中有害物质超标。

(2) 设置抽风而无送风。羰基法精炼镍精炼车间的排风及送风装置是配套的，再加上车间的密封，才能够得到新鲜空气的补充，达到设计的换风次数。车间内不设置送风，而门窗敞开的自然通风是违反羰基法精炼镍精炼车间安全规定的。一旦发生泄漏，会直接危害车间周边环境。

(3) 气流走向问题。羰基法精炼镍精炼车间的送风口设置在车间的上方，排风口在地面下，保障气流从上往下流动。由于气体羰基物比空气重，地沟式排风是合理的。那种直接在屋顶开口、墙四壁安装排风机的做法不可取。

(4) 车间空间存在死角。车间存在着死角空间，有害物质长时间的滞留在死角处，不易迅速排除。

(5) 空气中有害物质检测仪。国内从国外引进的生产线配备有羰基镍络合物检测仪，但是规模较小的工厂没有检测仪，车间内空气及排出到室外气体中的有害物质的浓度尚不能够检测。

10.4.3 羰基法精炼镍精炼车间通风设计的依据

(1) 根据羰基镍粉末的产量设置通风标准。
(2) 我国规定的羰基法精炼镍空气中含量安全防护标准。
(3) 羰基物的物理及化学性质。
(4) 本地区的气象资料。

10.4.4 羰基法精炼镍精炼车间需要解决的几个问题

10.4.4.1 车间气流的走向

因为羰基镍络合物（羰基铁）的气体比空气重，泄漏的羰基络合物的气体自然下沉，所以排气管道安装在地面以下，羰基络合物气体随着气流迅速地从地下排出。这样就决定羰基法精炼镍（铁）车间，送风口（新鲜空气入口）在车间的上部，排风通过设在车间地面下的通道排出。车间内的空气流动方向为从上往下，那种直接在屋顶开口、墙四壁安装排风机的做法不可取。

10.4.4.2 车间内的换风次数及排风量的确定

羰基法精炼镍精炼车间，每小时换风次数，最低不得小于 10 次/h。对于羰基物合成工序、精馏工序及羰基物贮存工序应该增加换风次数。根据实际经验，正常工作时换风次数在 15~20 次/h 为佳，一定要按照设计的要求安装排风机，要求排风量是进风量的 10 倍以上，使得生产车间形成负压，保证车间内的有害气体不能泄漏到车间外。

10.4.4.3　事故排风

羰基法精炼镍（铁）车间一定要配置紧急事故排风系统。当车间发生意外泄漏事故时，打开备用的事故排风机。此时，车间只有抽风而不送风，防止 CO 和羰基物的混合气体与空气混合引发爆炸。应该特别强调在事故状态时，车间内总的排风量不能低于送风量的 15 倍，换风次数不得低于 20 次/h。

10.4.4.4　通风换气设施

羰基法精炼镍（铁）车间要按照设计要求的标准配置通风。抽风机组与送风机组配置两套，一用一备。进入车间的新鲜空气，要经过加热后再进入生产车间及办公活动场所。进入车间空气的温度要低一些，而进入控制室、休息室的空气温度可以高一些。

10.4.4.5　为保障通风效果的配套措施

为了保障通风的效果，首先是通风机组达到设计要求，车间的建筑特殊要求，设备的密封，贮存羰基物容器的密封等，都要达到技术要求。

（1）区域分割通风。按照羰基法精炼镍（铁）车间不同的工序范围（一氧化碳、羰基合成、精馏、贮存及热分解工序等），分成几个单独的通风系统。在某一工序出现泄漏的情况下，开启备用风机，能够将泄漏的有毒物质迅速排出，避免殃及其他工序。

（2）排风的消毒及安全排放。由于承载羰基镍络合物的设备不可能达到绝对密封，突发事故等所引起的有害物质的泄漏。为了避免事故的扩大或者衍生灾害的发生，排风设置能够及时地将有害物质排出，为现场处理事故创造有利条件。由排风机从车间排出的含有羰基镍络合物及羰基铁络合物的有害气体，首先集中送入燃烧室进行燃烧消毒处理。经过燃烧处理后的废气，必须经在线分析仪分析达到排放的安全标准后，才能够通过烟囱排出。

10.4.4.6　送风设置

按照设计的要求，送风机的进气口距离车间不得低于 100m，进风口设置要根据气象资料位于上风口。进风口配置换向装置，以便根据风向调整进气口，保障加入车间里的新鲜空气。在送风的系统中具有加热及加湿装置，送风设置为两套，一用一备。

10.4.4.7 根据不同工序的特点设置通风

按照羰基法精炼镍精炼车间不同的工序范围（一氧化碳、羰基合成、精馏、贮存及热分解工序等），分成几个单独的通风系统。在羰基物泄漏的情况下，能够将泄漏物迅速排出，不殃及其他工序。

10.4.4.8 车间内尽量避免气体滞留的死角

为了使得车间内空气有效地进行循环，避免有害气体滞留在房间的角落里，为此，所有的地面都采用无遮盖的格栅，格栅之间有一定的距离，保障空气通顺流畅。

10.4.4.9 生产车间内的电气设备，照明及开关

生产车间内的电气设备，照明及开关全部采用防爆装置。

10.4.5 防毒物泄漏和解毒装置

在羰基镍络合物生产工艺部分详细的叙述了预防毒物的泄漏及解毒措施，这里只是简单的叙述下：

（1）羰基镍络合物合成前用氮气和 CO 进行清洗和检查密封情况，合成后的残渣用氮气消毒。

（2）所有的羰基镍络合物产品用氮气消毒后进行包装，羰基镍络合物粉末用氮气管道运输进行消毒。

（3）羰基镍络合物合成、精馏、热分解、解毒和各个工序之间的羰基镍络合物及残液的输送，是在密闭的容器和管道中利用 CO 加压进行的，不能采用泵输送，所以基本上杜绝毒物的泄漏。

（4）精馏后获得的精羰基镍络合物和残液贮槽都放在地下的水槽中，使泄漏的羰基镍络合物密封在水的下面防止扩散。

（5）生产过程中的 CO 在密封的容器中及管道中循环使用。消毒后的氮气集中在废气罐中，然后输送到燃烧炉解毒。

（6）发生事故时残留在地面的羰基镍络合物、羰基镍络合物粉末等有毒物质，利用水冲入地坑中，及时回收输送到燃烧炉解毒。

（7）检修设备前先蒸汽消毒。

（8）生产过程中产出的废气、含有羰基镍络合物的废水、过滤器收集的废油、过滤器滤出的羰基钴、多余的二次残液、各种废料都在燃烧炉中燃烧戒毒。

还要指出的是，抽风机从生产车间抽出的气体从车间屋顶的烟囱排出，在车

间的四周没有 CO 和羰基镍络合物的监测，应该引起重视。同时还有少量的含有有毒物质的废水，没有经过处理排放到湖中。

10.4.6 防火防爆措施

羰基镍络合物的生产过程是属于易燃、易爆和有毒的工艺。羰基镍络合物生产车间应采取以下的安全措施：

（1）羰基镍络合物合成的车间设计上采用防爆的混凝土隔离墙，每一组高压反应釜之间采用防爆的混凝土隔离，同时采用卸爆屋顶结构。

（2）控制抽风量大于送风量，避免生产车间里的 CO 和 $Ni(CO)_4$ 的浓度达到爆炸浓度范围。

（3）输送 CO 和 $Ni(CO)_4$ 的管道阀门设计两个，一用一备，每一个阀门配有隔断器，防止火灾在管道中蔓延。

（4）羰基镍络合物 $[Ni(CO)_4]$ 的贮槽、高位槽设计阀门配置时，一般是一个气动阀门，一个手动阀门。一旦控制室的自动阀门失灵，应立刻关闭手动阀门，避免事故的发生。

（5）有的生产车间（特殊镍粉末生产）的控制室配备防火控制柜，车间有灭火的专用水管，水管上装有很多的喷嘴，一旦发生火灾，水泵会自动启动喷射水灭火。

（6）特殊镍粉末生产的热分解器是采用电加热的，在电加热器的夹套内充满氮气形成正压，防止 $Ni(CO)_4$ 的气体泄漏后进入夹套会引起爆炸。

（7）生产车间使用的仪表（温度、压力及液位）完全采用自动仪表，仪表的管道一律采用铜管道，到控制室后采用电动仪表。

（8）生产车间内的电气设备，照明及开关全部采用防爆装置。

10.5 安全培训大纲

（1）基础知识讲座。以冶金类中等专业技术学校的基础课程为主，包括物理、化学、粉末冶金、机械及环保知识。

（2）羰基金属讲座。羰基金属络合物制取，物理化学性能，羰基金属粉末及其应用。

（3）操作规程讲座。学习操作规程，现场实际实习操作。

（4）车间安全防护及环境保护讲座。学习羰基法精炼镍车间安全手册，事故的处理及个人的安全防护。

（5）考核。参加培训的学员通过考试后才能够获得毕业证书。毕业学员要持证上岗。

钢铁研究总院羰基金属实验室已经编写了一套完整的培训教材。

10.6　四羰基镍络合物急性中毒及治疗[3]

羰基镍络合物急性治疗详见附件。

附件

职业性急性四羰基镍络合物中毒诊断标准

有效的医疗方案

GBZ 28—2002

职业性急性四羰基镍络合物中毒是在职业活动中短时期内接触较大量的四羰基镍络合物所引起的以急性呼吸系统损害为主要表现的全身性疾病。

（1）范围。本标准规定了职业性急性四羰基镍络合物中毒的诊断标准及处理原则。本标准适用于职业性急性四羰基镍络合物中毒的诊断及处理。非职业性急性四羰基镍络合物中毒的诊断，也可参照本标准。

（2）规范性引用文件。下列文件中的条款通过本标准的引用而成为本标准的条款。凡是注日期的引用文件，其随后所有的修改单（不包括勘误的内容）或修订版均不适用于本标准。然而，鼓励根据本标准达成协议的各方研究是否可使用这些文件的最新版本。凡是不注日期的引用文件，其最新版本适用于本标准。

GB/T 16180　职工工伤与职业病致残程度鉴定

GBZ 73　职业性急性化学物中毒性呼吸系统疾病诊断标准

（3）诊断原则。根据短期内接触较大量的四羰基镍络合物职业史、呼吸系统损害的临床表现及胸部 X 线表现，结合血气分析，参考现场劳动卫生学调查，综合分析，排除其他病因所致类似疾病，方可诊断。

（4）刺激反应。有一过性上呼吸道系统刺激症状，肺部无阳性体征，胸部 X 线片无异常表现。

（5）诊断及分级标准。

1）轻度中毒。有头昏、头痛、乏力、嗜睡、胸闷、咽干、恶心、食欲不振等症状；体检可见眼结膜和咽部轻度充血，两肺闻及散在的干、湿性啰音；胸部 X 线检查正常或示两肺纹理增多、增粗、边缘模糊。以上表现符合急性支气管炎或支气管周围炎。

2）中度中毒。具有下列情况之一者：咳嗽、痰多、气急、胸闷，可有痰中带血或轻度发绀；两肺有明显的干、湿性啰音；胸部 X 线片检查示两肺纹理增强、边缘模糊，中、下肺野出现点状或斑片状阴影，以上表现符合急性支气管肺炎。咳嗽、咳痰、气急较重；呼吸音减低；胸部 X 线检查表现为肺门阴影模糊增大，两肺散在小点状阴影和网状阴影，肺野透亮度降低，以上表现符合急性间质性肺水肿，血气分析常呈轻至中度低氧血症。

3）重度中毒。具有下列情况之一者：咳大量白色或粉红色泡沫痰，明显呼吸困难，出现紫绀，两肺弥漫性湿性啰音；胸部 X 线片显示两肺野有大小不一、边缘模糊的片状或云絮状阴影，有时可融合成大片状或呈蝶状分布，以上表现符合肺泡性肺水肿。急性呼吸窘迫综合征，血气分析常呈重度低氧血症。

（6）处理原则。

1）治疗原则。立即脱离中毒现场，脱去被污染的衣物。清洗污染的皮肤及毛发，卧床休息，保持安静。严密观察并给予对症治疗。纠正缺氧，给予氧气吸入并保持呼吸道畅通，防治肺水肿。应早期、足量、短程应用糖皮质激素，控制液体输入量。可以应用消泡剂（二甲基硅油气雾剂）。预防感染、防治并发症、维持电解质平衡。重度中毒者可予二乙基二硫代氨基甲酸钠（dithiocarb）口服，每次 0.5g，每日 4 次，并同时服用等量碳酸氢钠，根据病情决定用天数，一般可连续服药 3~7 天，也可采用雾化吸入。

2）其他处理。轻度、中度中毒患者治愈后可恢复原工作。重度中毒患者经治疗后仍有明显症状者应酌情安排休养，并调离四羰基镍络合物作业。如需劳动能力鉴定，按 GB/T 16180 处理。

（7）正确使用本标准的说明。见附录（资料性附录）。

附录
（资料性附录）
正确使用本标准的说明

1. 本标准适用于急性四羰基镍络合物中毒。其他羰基金属如羰基铁、羰基钴的急性中毒可参考使用。

2. 本标准的诊断分级是根据呼吸系统的损伤程度而定，刺激反应是接触四羰基镍络合物后出现的一过性反应，尚未达到中毒程度，为了严密观察病情发展，便于及时处理，列入分级标准，但不属于急性中毒。

3. 接触四羰基镍络合物工人疑有急性中毒可能时必须进行严密的临床观察，观察时间不少于48h。

4. 急性四羰基镍络合物中毒出现肺水肿，导致缺氧，血气分析 PaO_2 的测定可以了解机体缺氧程度，但正确判断病情时需结合临床及动态测定资料综合分析。

5. 严重急性中毒常因缺氧而致心电图、肝、肾功能改变。这些改变往往可随缺氧的纠正而恢复，故未列入诊断条款内。

6. 急性呼吸窘迫综合征（ARDS）的诊断，参照 GBZ 73。

7. 为掌握中毒的全面病情，对重度中毒病人除胸部 X 线检查外，可根据病情选择检查心电、肝、肾功能。待呼吸系统急性症状缓解后视病人临床情况需要作肺通气功能测定。

8. 早期应用二乙基二硫代氨基甲酸钠对四羰基镍络合物所致中毒性肺水肿有预防作用。

参 考 文 献

［1］Бёлозерский Н А. Карбонилй Металлов. Москва. Научно. тёхничесое и здательства. 1958. 27：254～311.

［2］Wiseman L G. 国际镍公司铜崖镍精炼厂［J］. 有色冶金，1992（2）：6～14.

［3］崛口博. 公害与毒物，危害物［M］. 北京：化学工业出版社，1981.

［4］周忠之. 化工安全技术［M］. 北京：化学工业出版社，1993.

［5］赵振华. 环境科学，1992，13（1）：85～87.

［6］李侬，等. 羰基镍生产中的事故风险及预防对策［J］. 工业安全及防尘，1998（8）：22～26.

［7］高宝军. 高压羰基法镍精炼设计［J］. 有色冶炼. 2002（4）：15～19.

［8］常逢宁，等. 羰基镍分析报警仪［J］. 光谱实验室，1997，14（1）：12～18.

［9］大气污染物综合排放标准：GB 16297—96.

［10］滕荣厚，李一，柳学全. 羰基法精炼镍铁车间的通风设置［J］. 中国有色金属，2010（1）：19～24.